本当にあった！

特殊乗り物大図鑑

横山雅司
Text by
Masashi Yokoyama

彩図社

はじめに

たとえば、あなたが、東京から北海道に旅行に行くことになったとしよう。

移動の方法はたくさんある。

飛行機で一気に飛んでもよいし、あえて電車で向かい、車窓の風景を楽しんでもいい。あるいはバイクや自動車などでノンビリ進み、途中で各地の名物料理や名跡史跡に立ち寄りつつ北海道を目指すのもいいだろう。

現代では誰でもできそうなこれらの旅だが、仮に飛行機や電車、自動車といった乗り物がなかったとしたらどうなるだろうか。

東京から北海道（札幌）までの距離は、およそ1000キロ。その大部分を徒歩で進まねばならないことになる。そうなれば、子どもやお年寄りは途中で脱落するだろう。津軽海峡も泳いで渡らなければならない。北海の幸を味わうつもりが、逆にこっちが海の幸に舌つづみを打たれてしまうかもしれない。

奇跡的に無事に北海道にたどりついたとしても、また帰りに同じ行程が待っている。生きて東京にたどりつける確率はかなり低いだろう。

はたしてそこまでの苦労をして北海道に行くべきかどうかは置いておいて、人力のみの北海道旅行はこれだけの苦行になる。逆に言うと、乗り物には人間の力だけでは生きて帰れぬ死出の旅を、楽しい観光旅行に変えるほどの力があるのだ。

乗り物とは、人間にただの生物以上の力を与え、地球の支配者たらしめた力の根源である。少しでも遠くに、速く、大量に人やモノを運ぶ。あるいは、生身では危険過ぎて行けなかった場所に安全に人を送り届ける。

乗り物は目的に応じて、日進月歩で発達してきた。

しかし、乗り物の進化は常に一定の方向を向いているわけではない。ときにアイディアが暴走して、進化のメインストリームから外れた〝怪物〟が生まれることもある。

ヒトラーの厳命を帯びた幻のスポーツカー「メルセデス・ベンツT80」、ゴキブリが焼け死ぬ「超音速滑走体」、夢のプロペラ超特急「シーネン・ツェッペリン」、市販の水陸両用車「アンフィカー」、全長0・5キロの超巨大貨物船「ノック・ネヴィス」など、人類の乗り物史をいろんな意味で彩ってきた100の特殊な乗り物を紹介。

〝特殊な乗り物〟は単に不思議な乗り物というだけではなく、まさに生物を超えた人類の進化の足跡でもある。その深淵なる世界をご堪能いただきたい。

本当にあった！
特殊乗り物大図鑑
～目次～

NACA - 5662.

第二章 驚きの能力を持つ乗り物 51

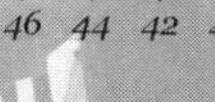

第三章　常識を超えた巨大な乗り物 …… 97

第四章 未知の世界を切り拓いた乗り物

NACA - 5662.

【第一章】

スピード記録に挑んだ乗り物

CONVAIR

特殊乗り物 NO.001

【やりすぎたドイツ的超マシン】

メルセデス・ベンツT80

ドイツ

ドイツの独裁者アドルフ・ヒトラーは**大の自動車好き**であったといわれている。

国民に「豊かな暮らし」を約束したヒトラーは、国民車構想を打ち出し、自動車史に残る奇跡的な名車、**フォルクスワーゲン・ビートル**を生み出したことはよく知られている。

それだけでなく、ヒトラーは**自動車の速度記録にも関心**があった。

当時、自動車の発達にともない従来の速度記録が次々と更新されていた。しかし、その多くは**ドイツではなく、イギリスによるもの**だった。これが気にくわなかったヒトラーは、ドイツ人レーサーの提案を受けた影響もあって、お気に入りの技術者である**フェルディナント・ポルシエ**に速度記録用のスピードマシンの設計を依頼する。

ポルシェは優れたマシンが作れればそれでいいという、良く言えば天才肌、悪く言えば機械狂の人物であり、嬉々としてマシンの設計に取り組んだという。

そうして誕生したのが、**「T80」**である。T80は6輪車で、車体の製造は**ベンツ社が担当**した。**戦闘機のエンジンを改造**した大馬力・大排気量（4万4000cc）のエンジンを搭載し、それで後ろの4輪を回した。そのボディは**極薄のジュラルミン**で造られており、非常

[ベンツT80　DATA]【開発】1939年　【全長】8.24m　【重量】2.9t　【最高速度】750km/h　【乗員数】1名

に軽量だった。

車体デザインは海洋生物を思わせるきわめて有機的なもので、**戦前の車とは思えないほど斬新**だった。大馬力と空気抵抗の少ない洗練された軽量ボディにより、計算上は**時速750キロでの走行も可能**とされた。

ところが、このマシンがあまりに速すぎるため、加速や停止に長い距離が必要であり、**ドイツ国内に試走させるほど長い直線コースがない**という若干間の抜けた問題が立ち塞がった。となれば、国外で試走となるが、**ナチス党がマシンを国外に出すのを渋った**ため、**海外での記録挑戦も断念**。そうこうするうちに戦争が始まり、**正式な記録挑戦が行われることはなかった**。

T80は実力を発揮することなく歴史の中に消えていった、幻のスピードカーだった。

特殊乗り物 NO.002

スラストSSC

【超音速ジェットカー】

イギリス

自動車が誕生して以来、人類は常に2つの異なる方向からこの乗り物の性能を高めてきた。ひとつは安全性、そしてもうひとつは速さである。より安全で快適に、故障や事故を起こさず、無事に目的地にたどり着くこと、これは乗り物にとってきわめて重要なことである。その一方で、**より速く走りたいという欲求もまた、自動車の進化には不可欠**だった。

この欲求があったからこそ、当初、馬よりも遅かった自動車はやがて時速100キロを軽々と超える乗り物になった。しかし、その速さへの欲求は止むことがなく、ついに**音速の壁を突破**しようという自動車が作られる。それが**「スラストSSC」**である。

SSCとはスーパーソニックカー、すなわち**超音速自動車**の略。通常の自動車では推進力を生み出すのはタイヤだが、SSCの場合は**2基のジェットエンジン**である。

それもただのジェットエンジンではない。搭載されているのは**英国空軍仕様のF・4ファントム戦闘機に使うガチンコの軍事用**。**出力は11万馬力にも達する**という怪物エンジンだ。

車輪は高速に耐えられるようにゴムタイヤではなく、金属製の円盤が使われた。一度加速するとブレーキだけでは止まらないので、まずパラシュートを開いて減速するという方

©Cmglee

[スラスト SSC　DATA]【開発】1996年　【全長】16.5m　【重量】10.5t　【最高速度】1228km/h　【乗員数】1名

法がとられている。このような減速用パラシュートを**ドラッグシュート**という。これはジェット戦闘機やスペースシャトルが着陸する際に行う減速方法と同じである。

1997年、広大で平坦なアメリカのブラックロック砂漠にて、スラストSSCの記録への挑戦が行われた。関係者が固唾を呑んで見つめるなか、スラストSSCは**時速1228キロを記録**。自動車としては世界で初めて音速の壁を超えて見せた。

2016年末現在、さらなるスピードの高みを目指して、新たなマシン**「ブラッドハウンドSSC」**が開発中である。

ブラッドハウンドSSCは戦闘機のエンジンに加えてロケットエンジンを装備し、**時速1000マイル（時速1609キロ）**を目指しているという。

特殊乗り物
NO.003

【世界最速のイス】
ロケットスレッド

アメリカ

　第二次世界大戦終結後の１９４０年代後半から１９５０年代、各国は高速化した航空機や新兵器であるミサイルの性能を確かめるために、様々な実験を行っていた。しかし、空中を音速で飛ぶミサイルの性能を客観的に観測するのは難しく、ロケットやミサイルが事故を起こすリスクもあるため、これらを解決する新しい実験方法が必要だった。

　そこで、**長大な滑走用レール**を地上に作り、**台車にロケットエンジンを取り付けて超高速で走らせる**ことで、ミサイルなどの試験を行うというアイデアが実用化される。

　これが**「ロケットスレッド」**である。ミサイルや高速機の部品などをロケットスレッドに乗せ、音速に近い速度で走らせれば、想定外の方向に飛んで行ったり、空中分解して墜落する心配がない。**安全に試験ができる**のである。

　このロケットスレッドは、超音速機の脱出装置の試験にも使われることになるが、それにはまず、人間が急減速に耐えられるかを試さなければならなかった。

　この危険な実験に挑戦したのが、アメリカ軍の医学者**ジョン・スタップ大佐**だった。大佐の実験でもっとも有名なのは、１９５４年のホロマン空軍基地での実験で、座席を固定し

[ロケットスレッド　DATA]　【開発】1945年　【最高速度】1017km/h（有人）10325km/h（無人）　【乗員数】1名

たロケットスレッドに乗り込み発進、**時速1017キロまで加速**し、滑走用レール内に溜めた水の抵抗を利用して、一気に減速して停止した。

この実験で大佐は**眼から出血を起こすなどの負傷をした**ものの、貴重な実験データと**「地上最速の男」の称号**を手に入れることができたのである。

大佐の一連の研究によって、**より安全な脱出装置や乗用車のエアバッグ**などが生まれた。危険な冒険は乗り物の安全性向上に大きく貢献したのだ。

ちなみに地上最速の男ジョン・スタップ大佐は、引退後、交通安全のために自動車の安全性に関する会議に出席し続けた。その会議は今では**「スタップ自動車衝突会議」**と呼ばれているそうである。

特殊乗り物
NO. 004

【未来から来た幻の青い鳥】

ブガッティ100P

フランス

　かつて、スポーツカーの製造で知られたブガッティ。

　そのブガッティ社の創設者にして技術者の**エットーレ・ブガッティ**は、1938年、フランスのエアレース**「ドイチュ・デ・ラ・ムルト・カップ」**に出場するため、最新の技術をふんだんに取り入れた新型レーサーの開発を決意する。

　そして開発された**「ブガッティ100P」**は当時としては極めて先進的な設計がなされており、その外見も、とても1930年代にデザインされたとは思えない機体だった。現代のデザイナーが**「未来の飛行機をイメージした」**と言っても通用するレベルである。

　その構造も独特で、胴体中央部に2発のエンジンを積み、ギアを介して二重反転プロペラを回す仕組みになっている。エンジン冷却はV字型の尾翼のスリットから取り入れた空気を使い、ラジエーターの冷却に使った後の空気は主翼の後端から排出された。

　この仕組みで、機外に突き出した冷却装置が空気抵抗を生むのを防いだ。状況に応じて自動で作動するフラップ（翼の後端を押し下げて揚力を一時的に増す装置）を持ち、機体の操縦性を常に最適に設定することができた。

「The Bugatti 100p Project」の FaceBook より
［ブガッティ 100P　DATA］【開発】1939年　【全長】7.75m　【全幅】8m　【重量】1.4t　【最高速度】805km/h　【乗員数】1名

計画では**時速805キロを出せる予定**であり、まさに未来から来たような機体だったが、惜しいことに当のレースには間に合わなかった。それどころか開発中に第二次大戦が勃発、ナチスのフランス侵攻によって機体が奪われることを恐れたブガッティは、**100Pをフランスの田舎の納屋に隠してしまう**。戦後発見された機体は未完成のまま転売され、最終的にアメリカの博物館に収蔵された。

その生い立ちと美しさに魅了された人々が実際に飛ばそうと有志を募ってレプリカを製作、2015年初飛行に成功している。

しかし、残念なことに2016年8月、**レプリカ機の墜落事故が発生**。有志会の中心メンバーであり、パイロットだったスコッティ・ウィルソン氏が死亡している。

特殊乗り物
NO.005

【世界最速の飛行機】

ノースアメリカンX-15

アメリカ

人類史上もっとも速い飛行機はなんであろうか。

その答えとして名前が挙がるのは、**アメリカの実験機群「Xシリーズ」**の中のひとつ、**極超音速実験機「X-15」**だろう。Xシリーズはそもそも**超音速機の開発計画からスタート**しており、最初の機体**「ベルX-1ロケット機」**が1947年に**チャック・イェーガーの操縦によって初めて音速を突破**したことは有名なエピソードである。

冷戦時代になると、アメリカ軍ではより高速の戦闘機が求められ、開発に必要なデータの収集が続けられた。その中でさらなるスピードが出る実験機が開発されることになった。そうして開発されたのが、極超音速実験機のX-15である。

X-15は軍の他、**NACA（アメリカ航空諮問委員会）**という組織が中心になって開発された。NACAは後に再編されて**NASA**となる。そのせいか、X-15は飛行機というよりは**宇宙ロケットに近い形状**で、**ロケットエンジンを搭載**していた。

X-15は**地上100キロの高高度を飛行**するため、周囲に空気がほとんどなく、舵が利かないことが想定された。そこで機体には、人工衛星のような姿勢制御用の噴射口が装備され

［X-15　DATA］【開発】1959年　【全長】15.45ｍ　【全幅】6.8ｍ　【重量】6.62ｔ　【最高速度】7274km/h　【乗員数】1名

ていた。機体も高温になることが予想されたため、耐熱合金インコネルXで覆われていた。

着陸脚にタイヤがあるのは前側の脚だけで、着陸時には長く邪魔になる機体下部の尾翼下半分を分離し、ソリを突き出して着陸する設計になっていた。そのため、自走しての離陸はできず、発射は上空で爆撃機B－52を改造した母機から行った。

X－15の飛行実験は1959年から60年にかけて開始され、1967年10月3日、**マッハ6・7（時速7274キロ）を記録**した。時速7274キロといえば、東京～大阪間（約550キロ）を**わずか5分で飛ぶ速度**。このスピードは50年近く経った現在でも破られていない、**有人の有翼機の世界記録**である。

特殊乗り物
NO.006
【船か飛行機か、地面効果翼機の挑戦】
リピッシュX・114
西ドイツ

　飛行機が地面すれすれを飛ぶとき、空気の流れの影響で揚力が上がり、まるで空気のクッションに乗ったように進めるようになる。これを地面効果といい、この地面効果を意図的に利用した航空機を**「地面効果翼機」**という。

　地面といいつつ、実際には連続的に低空飛行をし続けるには高低差も障害物もない海上を飛ぶしかない。地面効果翼機は船と飛行機の間の子のようなものである。

　1960年、天才の名をほしいままにしつつ、いまひとつ冷遇されていた**アレクサンダー・リピッシュ博士**（p142「リピッシュ　エアロダイン」参照）は、コリンズ社でこの地面効果翼機の研究を始める。このとき開発したのが「コリンズX・112」である。

　この機体は**逆三角形の翼の先端にフロートが装着されている**という変わった機体だったが、後にリピッシュが作る**地面効果翼機の基本形**となる。

　だが、戦時中から最先端の科学者だったリピッシュはすでに老齢であり、病気もあってコリンズ社で勤め上げるのは難しくなる。そこでコリンズ社を退社したリピッシュはスポンサーを募って自分の研究所を設立し、好きな研究に専念できるようにした。

［リピッシュ 地面効果翼機 DATA］【開発】1977年 【全長】12.8m 【全幅】7m 【重量】1t 【巡航速度】150km/h 【乗員数】6～7名

そして、リピッシュが最後に作り上げた地面効果翼機が**「X・114」**である。

X・114は母国の西ドイツの依頼で開発したもので、その外観は正直洗練されているとは言いがたいが、6人乗り、**時速150キロで2000キロもの航続距離を持っていた**とされ、まさに船より速く、飛行機より長時間行動できた。

だが、結局これらの地面効果翼機がメジャーな乗り物になることはなかった。地面効果翼機という乗り物共通の問題だが、**高波に弱いのが大きな欠点**で、**大きなうねりのある海では航行が困難**だった。穏やかな水面でだけ使うのなら活躍の場はあったかもしれないが、風のない晴れの日の海でしか使えないのでは、**広く利用するのは難しかった**のだ。

特殊乗り物
NO.007

【超音速水上機の顛末】

コンベア シーダート

アメリカ

第二次世界大戦が終わり、飛行機の動力もレシプロエンジンでプロペラを回す時代から、ジェットエンジンの時代へと移り変わりはじめていた。

だが、そこで一つの問題が浮かび上がってくる。ジェット戦闘機は高出力でスピードこそ速いが、機体が重く加速も緩慢で、滑走に長い距離が必要である。そのため、レシプロ戦闘機用に建造された空母では**滑走距離が足らず、最新のジェット戦闘機が運用できない**おそれが出てきたのだ。

これを解決するには、**超巨大空母を建造する**か、あるいは**水上で離着陸できるジェット機を開発する**しかない。結論から言えば、この2つのうち、成功したのは超巨大空母の方だったが、アメリカ軍がまず手をつけたのは水上ジェット機の開発だった。

そうして1953年に開発されたのが**「コンベア　F2Yシーダート」**である。

シーダートは音速突破も視野に入れた高速機であるため、巨大な空気抵抗を生む離着水用のフロートは装着できない。そこでシーダートは**水上スキーの要領**で、水切り用の板で波を切りながら徐々に加速して機体を浮き上がらせ、そのまま離水するという方法がとられた。

［コンベア シーダート DATA］【開発】1953年 【全長】16m 【全幅】10.3m 【重量】5.7 t 【最高速度】1325km/h 【乗員数】1名

優れた超音速機になるように機体の三角翼のデザインには、あのリピッシュ博士の意見を取り入れたとも言われる。速度は**ゆうに時速1000キロを超え、音速突破にも成功**したが、結局、**実用化されなかった。**

なぜ実用化ができなかったのか。それは**波の状況次第で使えなかったから**だ。

超高速水上スキーであるシーダートは**波の穏やかな日にしか運用できなかった。**少し波が高いだけで運用に支障が出るようでは、戦力としてあまりに心許ない。

シーダートはその後、空母にジェット機を射出できる**カタパルト（射出機）**が搭載されると、正式に開発中止となる。水上スキーという発想は斬新だったが、この機体もリピッシュ博士の地面効果翼機同様、日の目を見ることはなかったのである。

特殊乗り物
NO.008

【プロペラ高速鉄道の夢】
シーネン・ツェッペリン

ドイツ

速いだけでなく、快適で安全な日本が誇る新幹線。

この新幹線のような高速鉄道は、鉄道が発明されてから幾度となく、様々な国や地域で計画されてきた。しかし、その大部分は**ことごとく失敗に終わった**。安全性や利便性を兼ね備えようとすると、実用化させることが難しかったのだ。その失敗作のうち、とりわけ奇妙なコンセプトを持っていたのが、ドイツの**「シーネン・ツェッペリン」**だろう。

1929年、ドイツの技師フランツ・クルッケンベルクは高速鉄道の夢を叶えるために、まったく新しい駆動方式の列車を考案する。

その列車とは、航空機の技術を応用したもので、空気抵抗を減らした流線型の車体にガソリンで駆動するエンジンを載せ、**車体後部のプロペラを回して走る**、というものだった。

この奇想天外な列車は、シーネン・ツェッペリン（レール上のツェッペリン）と呼ばれた。

日本の0系新幹線は航空機を参考にデザインされたというが、おもしろいことにこのシーネン・ツェッペリンも**0系とよく似た形**をしている。0系は**「美しい物を作れば性能もよくなる」**という信念でデザインされたといわれており、同じ美意識の上にあるのかもしれない。

[シーネン・ツェッペリン DATA]【開発】1929年 【全長】25.85m 【重量】20.3 t 【最高速度】230km/h 【乗員数】40名

1930年初頭の走行試験でシーネン・ツェッペリンは**時速230キロ**という素晴らしい快速を披露したが、根本的な部分で問題があった。

車体後部にプロペラがあるため、客車を引けないのである。客車を引けないとなると、乗客は1両の車両に乗せられる人数がすべてということになる。それでは鉄道を使った輸送としては、あまりに少な過ぎる。

また、駅のホームで大口径のプロペラを高速で回転させるのも、**安全上重大な問題があった**。

この2つの大きな欠点もあって、シーネン・ツェッペリンは実用化されなかった。完成された高速鉄道の登場は、**それから30年近く後の新幹線**を待たねばならなかったのである。

特殊乗り物 NO.009

【ジェット噴射の高速鉄道】

M・497ブラックビートル

国土があまりに広いアメリカでは、旅客機や高速道路での移動がメインで、旅客の移動の手段としての鉄道はかえって衰退している。より正確に言えば、**長さ1キロ以上に及ぶ長大な編成の貨物列車は広く運行**されているが、日本の新幹線にあたる**高速鉄道はほとんど存在していない**のが実情である。

1966年、ニューヨーク・セントラル鉄道は、旅客用の高速鉄道導入のための実験として、手持ちの気動車（動力も客席もある車両）に簡易な改造を施すだけで高速車両にし、実際に線路を走らせる実験を始める。この実験のために作られたのが**「M・497ブラックビートル機関車」**である。

ブラックビートルは気動車の前面に空気抵抗を軽減させる流線型マスクを取り付けたものだが、その最大の特徴は**ジェットエンジンを屋根にポン付け**したことである。これは巨人爆撃機として知られる**B・36ピースメーカー爆撃機のエンジン**とおなじゼネラル・エレクトリックJ47エンジンである。

1966年に行われたインディアナ州バトラーとオハイオ州ストライカー間を走行する

［M-497 ブラックビートル DATA］【開発】1966年 【全長】約27m 【重量】51.3 t 【最高速度】295.6km/h

実験では、**最高時速296キロ**を叩き出した。これはアメリカの通常の軌道で出た最速記録である。

もっとも、ブラックビートルはあくまで高速走行の実験用車両であり、そのまま高速鉄道として使われるわけではなかった。ブラックビートルは実験完了とともに装備を外され、**通常の通勤電車として復帰**したという。エンジンの方は雪を吹き飛ばす、**除雪用のスノーブロワー**に使われたようである。しかし、同社の旅客鉄道はすでにかなり衰退しており、結局、**会社も倒産**。ブラックビートルのデータが活用されることはなかった。

ちなみに、同じ頃ソビエトでもジェット推進機関車が実験されていたが、**こちらも実用化には至っていない**ようである。

特殊乗り物 NO.010

【夢の超音速列車の顛末】

超音速滑走体

日本

戦争も終わり、日本は高度成長期に突入、「弾丸列車」と呼ばれた新幹線は世界を驚かす高速性と正確さで日本の大動脈として機能しつつあった。この頃、日本ではまだ**旧日本軍で腕を振るったエンジニアが現役で活躍**していた。GHQによって軍用機開発が禁止されたため、エンジニアたちはその技術を**民生品の開発に活用**していたのである。

そのようなエンジニアの1人に、名古屋専門学校（現在の名城大学）の**小沢久之亟**（おざわきゅうのじょう）**教授**がいた。かつて軍用機の開発にあたっていた小沢教授は戦後、高速鉄道の研究を始める。

この小沢教授が提唱していたのが**「超音速滑走体」**という新しい鉄道の概念だった。

超音速滑走体は、空気抵抗を排するために真空のチューブの中をロケットエンジンで加速しながら滑走するというものである。理論上は**時速2500キロを出すことが可能**で、実現すれば**東京〜大阪間をわずか15分で結ぶ**ことができるとのことだった。

昭和43（1968）年には模型を使った実験を行い、**時速1140キロ**を記録。2年後には模型にカエルとカメを乗せて走行する実験を実施した。ところが、この実験は大失敗で、模型は所定の位置に止まれずストッパーに激突。**カエルとカメは死んでしまった。**

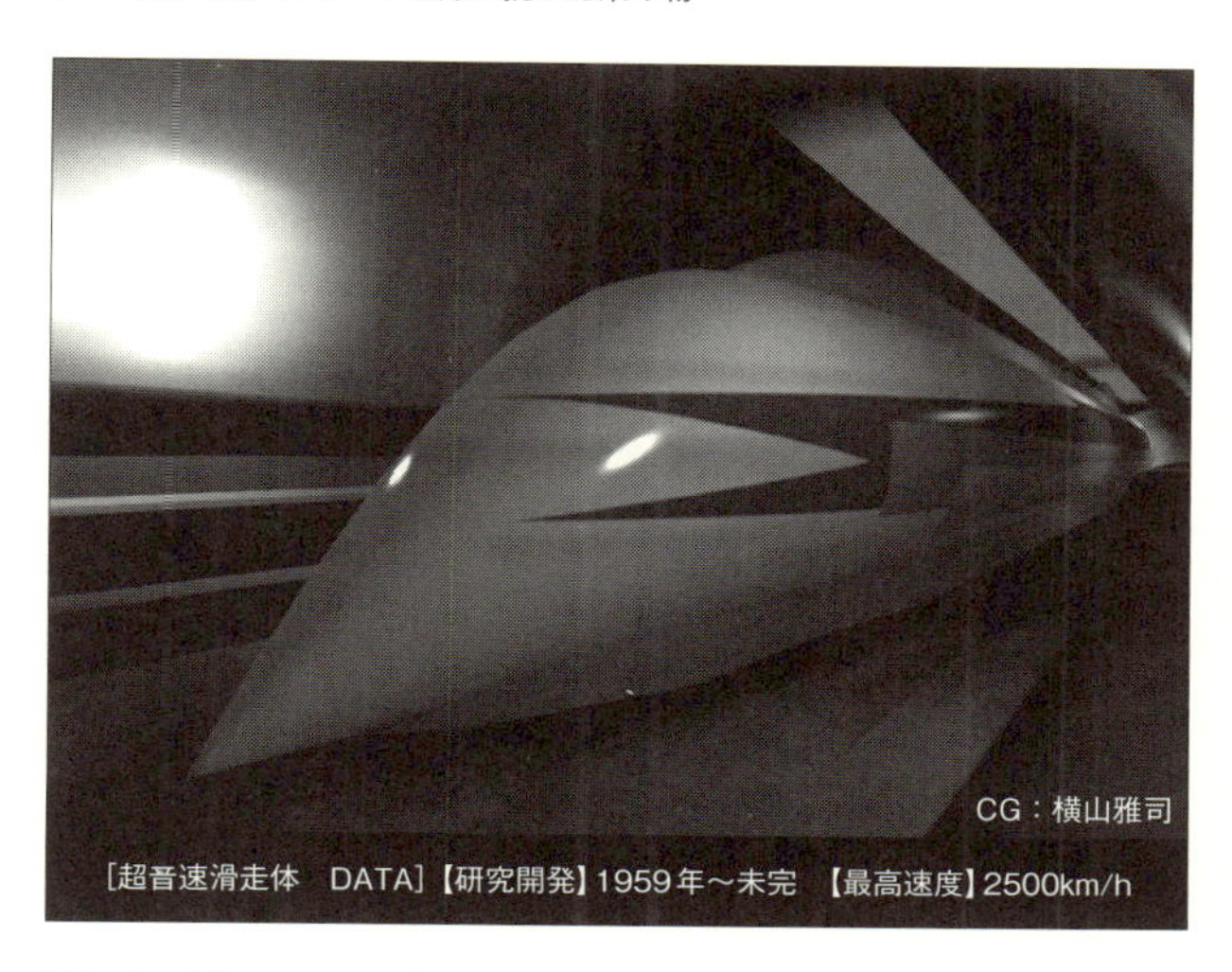
CG：横山雅司
［超音速滑走体　DATA］【研究開発】1959年～未完　【最高速度】2500km/h

昭和47年には停止装置を改良して再実験を敢行。今回はカエルとカメのほかにゴキブリも乗客として模型に乗り込んだ。この実験ではカエルとカメは無事に生還したものの、**ゴキブリは黒焦げ**になって死んでいたという。

小沢教授の超音速滑走体は未来の乗り物としてマスコミで持て囃されたが、急激な加減速が人体に与えるダメージはすさまじく、**そのままの状態で乗客を乗せるのは不可能**だった。また、真空チューブの莫大な建設費用を考えれば、飛行機の方が安上がりでもあった。

飛行機や新幹線の普及もあり、今では教授の案はほとんど忘れ去られているが、現在アメリカなどで、**似たような原理の高速列車の研究が行われている**ようである。

特殊乗り物
NO.011

ピアジオP・7

【モーターボート＋飛行機＝飛べず】

イタリア

数々の栄光と挫折、そして伝説を作った飛行艇のスピード競争**「シュナイダー・トロフィー・レース」**。

レースの詳細はｐ34の「マッキM・C・72水上レーサー」に譲るが、**イタリアのピアジオ社**もまた、このレースで勝利することを狙い、独自に強力な水上機を準備していた。

通常、水上機には機体を水面に浮かべるために大きなフロート（浮き）があるが、飛行中はそれが余計な空気抵抗を生んでしまう。そこでピアジオが考えたのが、**抵抗の少ない水中翼を使う方法**である。

水中翼とは**船体の下に突き出した翼**のことで、高速フェリーなどに使われる**「水中翼船」**で有名である。滑走を始めれば水中翼に揚力が発生するため、船体が水面上に持ち上がり離陸ができ、しかも大きなフロートがないため、**劇的に空気抵抗を減らす**ことができて高速飛行が可能である。

このアイデアを元に１９２９年に作られたのが、**「ピアジオP・7」**である。

P・7はプロペラの他に、**水面で加速するためのスクリュー**を持っているという珍しい飛

［ピアジオ P.7　DATA］【試作】1929年　【全長】8.8 m　【全幅】6.76 m　【重量】1.4 t　【最高速度】600km/h（計画値）【乗員数】1名

行機だった。飛び立つ際はまずエンジンでスクリューを回し、スピードに乗って機体が水中翼の作用で浮き上がってきたら、クラッチを切り替えてプロペラを回転させ、離陸するという仕組みだった。

だが、P・7には根本的な問題があった。まずプロペラと水面が近すぎて、**離水時に水面を叩いて破損**する恐れがあった。

また機首が長かったため、プロペラを叩かないように持ち上げると前がまったく見えなくなり、水しぶきで左右の視界も塞がれた。ただでさえ神経を使う離水時に、スクリューからプロペラへの切り替えという余計な手間まで増えて、**非常に操縦しにくかった**のだ。そのためP・7は操縦手の搭乗拒否が続出。やっと行われた試験でも**ついに空に浮かぶことはなかった**のである。

特殊乗り物
NO.012

【イタリア的極端マシン】

マッキM・C・72水上レーサー

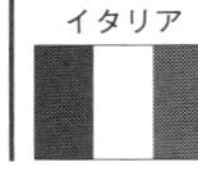

フランスの富豪ジャック・シュナイダーは、水上機のスピードレース開催を宣言する。いわゆる**「シュナイダー・トロフィー・レース」**である。

シュナイダー・トロフィー・レースは1913年から欧米各国の持ち回りで毎年開催され、**5年の間に3連勝したチームがトロフィーを獲得**し、レースが終了するというルールだった。欧米各国は航空機先進国の意地とプライドをかけて、次々と最新鋭の高速水上機を送り込んできた。

このレースはスタジオジブリのアニメ映画『紅の豚』の時代背景のひとつにもなっており、主人公のライバル、ドナルド・カーチスの愛機のモデルになったR3C‐2はアメリカ代表であるし、主人公ポルコの戦友フェラーリンが乗るマッキM.39も実在の機体である。

このレースに王手をかけたのはイギリスだった。それを阻止するため、イタリアが繰り出したのが**世界最速の水上レーサー「M・C・72」**である。

M・C・72は当時としては型破りな機体だった。最高の出力を叩き出すため、**V12気筒エンジンを2発連結**してV24気筒エンジンとし、プロペラは2基がそれぞれ反対方向に回転す

[M.C.72　DATA]【開発】1931年　【全長】8.32m　【全幅】9.48m【重量】2.5t
【最高速度】709.2km/h　【乗員数】1名

る**二重反転プロペラ**である。エンジンが発する熱が尋常でないため、機首、主翼、フロート、フロートの支柱にまで冷却装置がついていた。

無骨ともいえる設計に反し、その機体は**あくまで美しくデザイン**されていた。鮮やかなイタリアンレッドに金色の放熱板を配し、美にこだわるイタリアらしい飛行機だった。

しかし、その極端な設計のせいでM.C.72はなかなか性能が安定せず、なんと**調整している間にイギリスが3連勝**して、シュナイダー・トロフィー・レースが終わってしまったのである。

だが、M.C.72が出した**時速709キロは プロペラ水上機世界記録**であり、**これは現在も破られていない**。

特殊乗り物
NO.013

【寸胴な空の狂犬】
ジービーレーサー

アメリカ

　土地の広いアメリカでは、飛行機を飛ばしてその技能やスピードを競うエアレースが盛んに行われてきた。そのアメリカで航空機会社を営む**グランビル兄弟**は、自社の機体をレースに出場させ、名前を売る計画を立てる。兄弟の会社、グランビルブラザーズ航空機会社は、地方の小さな航空機メーカーだった。レースで優秀な成績を収めることができれば、その名を全米に轟かせることができるのだ。

　兄弟は数あるレースの中でも**〝トンプソン・トロフィー〟**というエアレースに目をつける。トンプソン・トロフィーは高速で周回しながら、高さ15メートルのパイロンをターンするという、速度と運動性が同時に試されるレースだった。

　そこでグランビル兄弟が送り込んだのが、**「ジービーレーサー」**と呼ばれる一連のシリーズである。そのデザインは**とにかく寸詰まり**で、大型の星形エンジンをできる限り小型軽量の機体に乗せたため、**まるで漫画のような姿**の飛行機となってしまった。しかし、その見かけと裏腹に性能は抜群で、**ジービーR1は当時の陸上機速度の世界最高記録を保持**していたほどだった。

［ジービーレーサー（モデルR）　DATA］【開発】1931年　【全長】5.38m　【全幅】7.62m　【重量】834kg　【最高速度】473.8km/h　【乗員数】1名

だが、まっすぐ飛ぶのが速いだけではレースには勝てない。グランビル兄弟はわずかな操作にも過敏に反応するように、**機体の安定性をあえて犠牲**にした。そのためジービーシリーズは操縦が非常に難しく、**わずかな操作ミスで墜落する**危険性があり、ベテランでも手こずったほどだった。

実際、ジービーシリーズは事故が多く、その大部分が事故で失われてしまい、有名な飛行機でありながら**博物館にあるのはレプリカばかり**、という惨状を呈している。しかし、その分、レーサーとしては申し分なく、１９３１年から２年連続で**トンプソン・トロフィーを制覇**している。

ちなみに１９３２年にジービーＲ１で優勝した操縦手には、後に東京を空襲することになる**ジミー・ドーリットル**である。

特殊乗り物
NO.014

アエロサン
【最速のプロペラソリ】

ソ連ほか

ソリははるか昔から、雪深い北国に住む人々にとって、なくてはならない乗り物である。イヌやトナカイなどにソリを引かせれば、多くの荷物を速く運ぶことができる。これは人間が荷物を担いで、雪に足を取られながら運ぶのと比べることもできない圧倒的な速さだった。

19世紀になって**プロペラ推進が実用化**されると、この動力をソリにも取り入れようとする動きが出てくる。小型軽量のガソリンエンジンでプロペラを回転させて推進力を生み出せば、ソリはより便利な乗り物になるのではないか、というのだ。

この構想のもとにつくられたプロペラ式のスノーモービルを、ロシア語で**「アエロサン」**、英語では**「スノープレーン」**と呼ぶ。

飛行機と類似する点があるからか、**初期のアエロサンの設計者には航空関係者が多かった**。コアンダ効果の発見で知られる**アンリ・コアンダ**、大型ヘリの開発で知られる**イーゴリ・シコルスキー**、ロシアの大型機の名門ツポレフ社の創業者**アンドレイ・ツポレフ**などである。

アエロサンはソリにプロペラとエンジンと燃料タンクを載せれば、完成してしまう。もちろん、性能をより引き出そうとすればそれなりに洗練された設計にしなければならないが、

［アエロサン　DATA］【開発】1903年頃～　※画像はグリーンランドで越冬中のドイツの気象学者アルフレッド・ウェゲナーと愛機のアエロサン

履帯式の雪上車を作ることを考えれば、安価に製造することができた。

アエロサンは通常の乗り物ならば**通行困難な雪原を時速30キロ以上という破格のスピードで移動**できた。そのため、アエロサンは北国の交通手段としてはもちろん、レクリエーションの道具、さらには**軍事兵器としても大活躍**した。

第二次大戦時のソビエト軍が、アエロサンを偵察や連絡任務に多用したのは有名で、**戦車に匹敵する大型のものも試作**されたようだ。だが、アエロサンは原理的に車体が重くなりすぎると動けなくなるので、**大型機が活躍できたかどうかは定かでない**。

雪原の移動を変えたアエロサン。現代でも製造されており、多くの愛好家が自慢の愛機の動画をネットに上げている。

特殊乗り物
NO.015

【最速のジェットバイク】

MTTタービン スーパーバイク

アメリカ

バイクは趣味性の高い乗り物であり、単純な経済効率では割り切れない部分に、面白さを見出そうという側面がある。そもそも日常の足に使うだけなら、スポーツタイプのバイクなど不要になってしまう。

バイク王国のアメリカにある**MTT社**は、**ガスタービンエンジンを使った製品**を開発するメーカーである。ガスタービンエンジンとは、ジェットエンジンの回転軸から回転力を取り出すエンジンのことで、**高速、高出力で一定の回転数で回り続けるのを得意とする性質**があるため、高速船のエンジンや消防ポンプの動力源などに使われる。

それらの製品を設計していたMTTが作り上げたのが、ガスタービンエンジンを搭載した**「MTTタービンスーパーバイク」**、通称〝**Y2K**〟である。

Y2Kは**ヘリコプターに使われていた中古エンジン**を再整備し組み直して使用している。その出力は**320馬力**、最高速度は**時速400キロ**に達するというモンスターバイクである。ミラーはなく、後方確認は後部に取り付けられたテレビカメラの映像を、メーターの上にあるモニターに映して行う。

［Y2K DATA］【開発】2000年 【ホイールベース】1727mm 【重量】210kg 【最高速度】約402km/h 【乗員数】1名 ※画像はMTT社のHPより

驚くべきことは、このY2Kが記録に挑戦するために作られた特別仕様の実験機ではなく、**一般ライダー向けの市販車**であるということだろう。ただし、価格は非常に高額で、**約2000万円とスポーツカー並みの値段**がする。

もっとも、誰でも操れるという物ではなく、ガスタービンエンジンの特性上、**排気が高温で危険**であり、アクセルの操作に対するレスポンスが緩慢で、信号だらけの都市部など頻繁な加減速が必要な道は苦手としている。それでも**「世界最速の市販バイク」**というキャッチフレーズは訴求力が強く、（実売数はともかく）世界的に人気は高いようで420馬力にパワーアップした新型も発売されている。MTTのサイトによると、三輪タイプも開発中らしい。

特殊乗り物
NO.016

【人力最速の自転車】
エアロベロ Etaリカンベント

カナダ

「リカンベント」という自転車をご存知だろうか。

リカンベントは車体がリクライニングシートのように後ろに倒れ込んだ形状をしており、そこに座るようにして前方についたペダルを踏み込むタイプの自転車である。

半分寝たような形で乗り込むため空気抵抗を減らしやすく、サドルに座るよりも体への負担が少ないことなどから、**平坦な道を長く走るのに向いている**とされる。

一見、漕ぎにくそうなこの自転車だが、実は**自転車のスピード記録**に使われている。人間の力のみで記録を狙う場合は、空気抵抗を減らしやすいリカンベントが有効なのだ。

スピード記録に使われるのはリカンベントに流線型の外装を装着したタイプのものだが、2016年11月現在、世界記録保持者の座に君臨しているのが、カナダのベンチャー企業チーム**「エアロベロ」**の**「η（イータ）」**である。

ηは記録のために極限まで贅肉を削ぎ落としたマシンで、**フレームには炭素繊維を採用**。気流の動きをコンピューターで計算して設計した外装で覆われている。このフレームは軽量だが太いため、運転者は乗り込むとペダルを漕ぐ以外、一切身動きが取れなくなる。

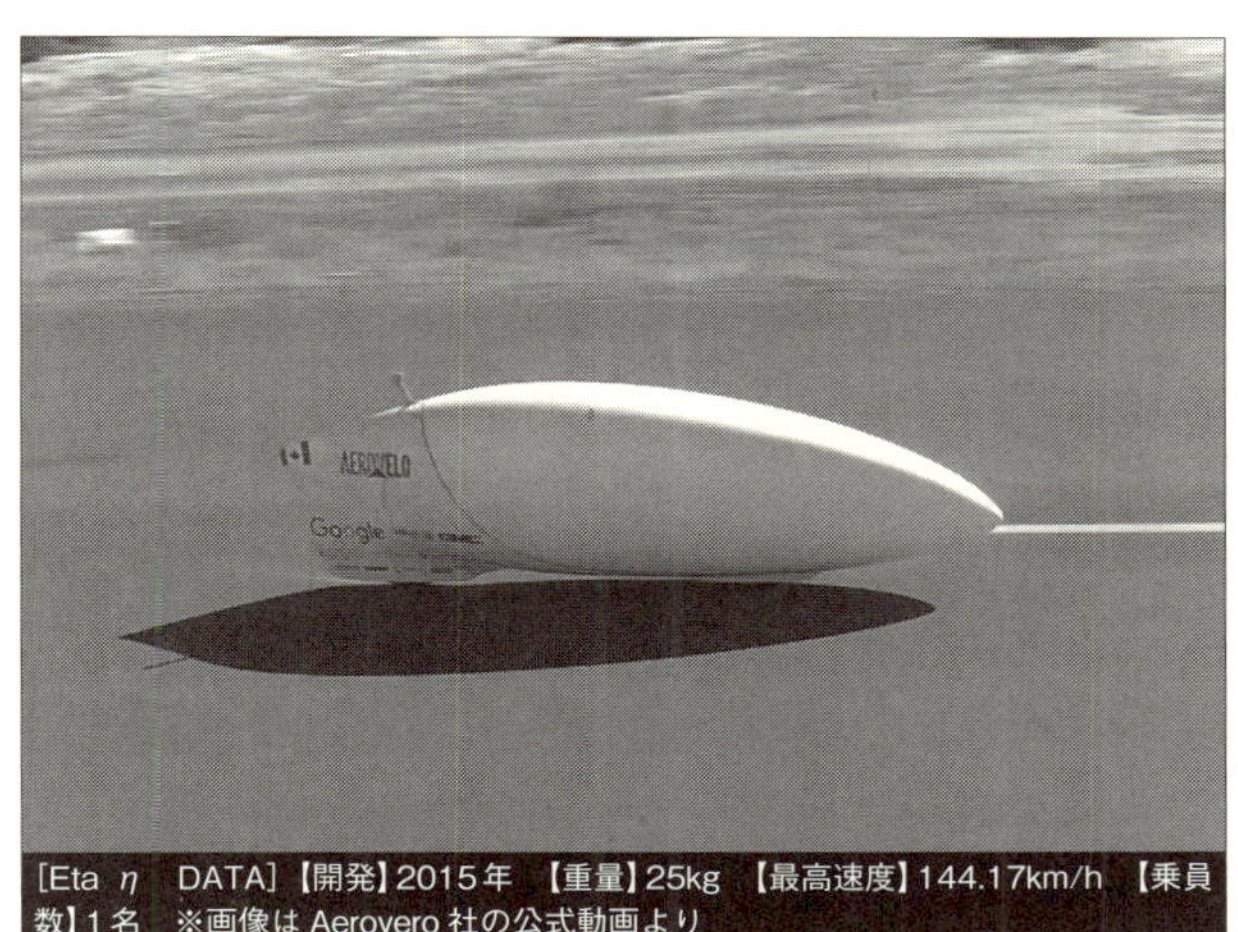

[Eta η DATA]【開発】2015年 【重量】25kg 【最高速度】144.17km/h 【乗員数】1名 ※画像はAerovero社の公式動画より

この種のスピード記録用リカンベントは車体に窓を付けると接合部で気流が乱れてしまうため、車体にカメラを設置し、**漕ぎ手は目の前に取り付けられたモニターで外の様子を確認する**という機種が多い。

ηの場合も同様で、太い炭素繊維のフレームが乗っている人間の頭を完全に覆ってしまうため、**前方のモニター以外何も見ることができない**。タイヤは転がり抵抗を極限まで抑えたために固く、**まるで皿のような薄さ**になっている。

速く走る工夫が惜しみなく施されたηのスピードは驚異的で、2015年には**完全人力走行で世界記録の時速139・45キロ**を叩き出し、翌年にはさらに記録を伸ばし、**前人未到の時速144キロを達成**している。

特殊乗り物
NO.017

【世界を追い抜いた高速船】
高速貨物船　畿内丸

日本

　昭和の初め頃、**日本の主要な輸出品は生糸**であった。日本で生産された生糸は、消費国のアメリカまで太平洋を越えて運ばれた。しかし、当時の日本の船会社が所有する貨物船は、**速力10ノット程度と鈍足**で、外国の船会社の貨物船に大きく水をあけられていた。

　日本の船会社に貨物を頼むと、**横浜～ニューヨーク間で50日**もかかった。そのため、日本の輸出品であっても、**外国の船会社に荷物をとられてしまい、日本の船会社は窮地に立たされていた**。そんな中、大阪商船（現・商船三井）が大きな決断をする。社運をかけて、**これまでにない高速貨物船を作ろう**というのである。

　そうして三菱重工で建造されたのが、日本初の**高速ディーゼル貨物船「畿内丸（きないまる）」**である。新型のディーゼルエンジンを搭載した畿内丸は、それまでの旧式貨物船とは比較にならないほどの速力を持ち、試運転では実に18ノットを記録した。これは日本はもちろん、**外国の新鋭貨物船をもしのぐスピード**で、ただ速いだけではなく、生糸専用のシルク室を設けるなど、船内設備も充実していた。外国船の横浜～ニューヨーク間の所要日数が平均35日だったこの時代、**畿内丸はそれを大幅に短縮する25日で走破**してみせた。

［畿内丸 DATA］【製造】1930年 【全長】135.94 m 【容積】8360 t （総トン数）【最高速度】18.4ノット 【乗員乗客数】62名

外国の船会社にとって、この機内丸の出現は脅威であり、大きな衝撃だった。ニューヨークへの入港時「低速のはずの貨物船」があっさり豪華客船を追い抜き、驚いた客船の乗客が「貨物船なんかに負けるな！」と騒ぎ出す騒動まで起きたようである。貨物の輸送依頼が殺到した**大阪商船は一気に黒字化**し、各社もこぞって高速船を投入することになる。

しかし、そんな抜群の速力で日本の海運業を復活させた畿内丸も、忍び寄る戦火から逃れることはできなかった。

太平洋戦争が始まると、畿内丸は**特別運輸船として徴用**され、軍事物資などを運ぶようになる。そして、昭和18（1943）年5月、サイパン沖で米軍潜水艦に遭遇。**魚雷を受けて撃沈**されてしまった。

特殊乗り物
NO.018

【高速フェリーのバイト先】

ナッチャンWorld

日本

２００８年、青森～函館間を結ぶため、最新型の高速フェリーが就航した。その名を**「ナッチャンWorld」**という。姉妹船ナッチャンReraと共にオーストラリアのインキャット・タスマニア社で建造された。

その船体は双胴式で、刃物のように鋭い**「ウェーブ・ピアーサー」**と呼ばれる構造が採用されており、抵抗の少なさから来る高速性と、幅広い船体による積載量の多さを併せ持つ高性能フェリーで、普通自動車なら３５０台を載せて36ノット（時速約66キロ）で航行可能である。

期待の新鋭船として歓迎されたナッチャンWorldだが、**残念ながら活躍できなかった**。燃料価格が高騰するなどの理由から本領を発揮できず、赤字が見込まれたため運行を停止、所有する東日本フェリーが津軽海峡フェリーに吸収されたことで、期間限定での運行のみを行うことになってしまう。

ところが、そんなナッチャンが意外な働きを見せる。自衛隊の訓練にあたって北海道から大分まで90式戦車などの自衛隊車両を輸送する任務を依頼され、これを見事遂行してみせた

［ナッチャン World DATA］【建造】2008年 【全長】112m【容積】10712 t（総トン数）【最高速度】36ノット 【乗客数】1746名 【積載数】乗用車350台

のだ。この頃、自衛隊は装備費削減のため**民間と共同で輸送船を持つ構想**があり、それに**ぴったりなのがこのナッチャンＷｏｒｌｄだと判明**したのである。

ナッチャンＷｏｒｌｄは大量の貨物を積める上にかなりの高速艦艇であり、そもそも**ウェーブ・ピアーサーの双胴船体はアメリカ軍の高速輸送艦にも採用されている型式**である。そのため有事の際は新会社「高速マリン・トランスポート株式会社」を通じて自衛隊に提供され、高速輸送艦として活動することになった。

ちなみにナッチャンＷｏｒｌｄの船体には青函航路に就航していた当時の、**公募によって選ばれた児童のイラスト**がそのまま描かれている。**もっとも派手な塗装の自衛隊艦艇**である。

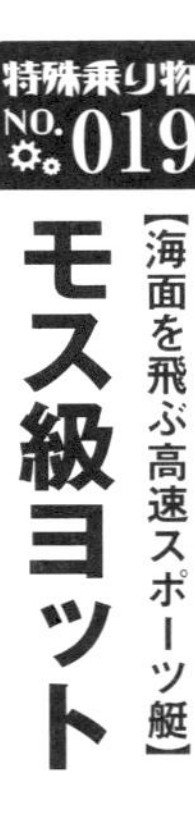

特殊乗り物
NO.019
【海面を飛ぶ高速スポーツ艇】
モス級ヨット

船とは単に移動するための手段というだけではなく、楽しみのために乗るレジャー、スポーツとしての側面もある。

特に風をとらえて走るヨットは、昔から大勢のファンを魅了してきた。ヨットの中でも1人から2人乗りの小型のヨットを**「ディンギー」**という。

他の大型ヨットに比べれば比較的価格が安いため、個人でも所有することができ、大勢の愛好家が爽快な海の散歩を楽しんだり、レースに出場するなどして腕前を競っている。そんなディンギーに1928年、大きな転機が訪れる。

オーストラリアで**国際モス級**というクラスが生まれたのだ。

国際モス級は当初、単なる1人乗りの小型艇のクラスに過ぎなかった。

だが、規定の自由度が高く、極端な話が船の大きささえ守ればいいというレベルだったため、船のスピードを上げるためにどんどん工夫が加えられていく。20世紀末になると、ついに**水中翼を取り付けた過激な高速ヨット**に生まれ変わっていた。

これが現在のモス級の主流となる**「ハイドロフォイル（水中翼）艇」**である。

[モス級ヨット　DATA]【開発】2000年～　【全長】約3.3m　【重量】約30kg　【最高速度】65km/h　【乗員数】1名

ハイドロフォイル艇は**非常に細くするどい水中翼**を持ち、スピードに乗ってくるとこれで船体を持ち上げ、水の抵抗を激減させる。

その速度性能はすさまじく、いい風が吹けば**最高で時速65キロ**にまで達し、一時的なら、**エンジン付きのプレジャーボートよりも速く走る**ことができる。

爽快で、見た目も格好いいのでハイドロフォイル艇はこれから人気になるかもしれない。ただし、その構造は**船を竹馬に載せているようなもの**であり、操縦はとんでもなく難しく、一流のヨット乗りでなければ乗りこなすことはできない。

見る分には爽快で楽しいが、挑戦するにはハードルが高い。これが快速小型ヨットの欠点といえるかもしれない。

【乗り物よもやま話1】

歴史を作った乗り物〝馬〟

現在では実に多種多様な乗り物が存在するが、ほんの２００年ほど前までは、地上を走行する代表的な乗り物といえば馬であった。馬の家畜化は５０００年ほど前に、西アジアから中央アジアのどこかではじまったと考えられる。大きく四つ足の、馬の背中に乗ることを思いついたのは人類にとって大きな発見で、馬の家畜化により人間は飛躍的に速く遠くへ移動することができるようになった。

特に草原で勃興したモンゴル帝国は、圧倒的な騎兵の戦闘能力によって、一時はユーラシア大陸の大部分を征服していた。日本でも古墳から騎馬の埴輪が出土しており、その当時馬はすでに重要な戦力だったようだ。戦国時代に入っても馬の重要性は変わらなかったが、当時の馬は、現代の時代劇に出てくるアラブやサラブレッドのような大型種ではなく、木曽馬などの日本在来種だった。在来種は体型はガッシリしているが中型で脚が短く、鎧武者を騎乗させるとやや迫力不足は否めない。もっとも、足腰が粘り強く、山がちな日本の地形には向いていたとも言われる。現在でも馬を乗用に使うことはでき、軽車両に分類される。ちなみに道路交通法には落とした馬糞に関する規定は特になく、各自治体の条例に基づいて〝落とし物〟の処分方法を確認する必要がある。

【第二章】驚きの能力を持つ乗り物

特殊乗り物
NO.020

【双腕のスーパー重機】

日立アスタコNEO

日本

工事現場で穴を掘る、重い物をトラックに載せる、瓦礫を砕く、障害物をどかす。強力な油圧式アームを持ち履帯で移動する、いわゆる**パワーショベル**は実に多様な作業を行うことができる建機の花形である。先端のアタッチメントを交換することで、物をつかんだり穴を掘ったり、色々な仕事をすることができる。

しかし、パワーショベルには克服しがたい欠点もあった。それは**腕が1本しかない**という点である。

たとえば、瓦礫の下敷きになった金庫を取り出す作業をするとしよう。パワーショベルは瓦礫を持ち上げられるが、同時に金庫を取り出すことはできない。一度に一つの作業しかこなせないため、**2つの作業をこなすにはパワーショベルが2台必要**になるのだ。

重機メーカーの**日立建機**は、もっと柔軟に作業をこなせるパワーショベルの開発に乗り出した。そうして完成したのが、双腕を持つ特殊なパワーショベル**「日立　アスタコ」**である。

アスタコとは**「双腕複雑操作先進システム」**の頭文字で、アルファベット表記である「**Astaco**」は南欧ではザリガニを意味する。

［アスタコ NEO DATA］【開発】2012年 【全長】7.4 m（輸送時）【重量】16.2 t 【速度】5.5km/h 【乗員数】1名 （写真提供：日立建機株式会社）

そのザリガニの名の通り**2本の腕を持ち、1人の操縦者が2本同時に動かすことができる。**

従来のパワーショベルは2本のレバーで1本の腕を動かしていたが、アスタコは1本の腕を1本のレバーで動かせるため、1人で両腕を操作できてしまうのである。

これによりアスタコは**「押さえながら切断する」「持ち上げながら下の物を引き出す」「長い物を折り曲げる」**という作業が可能になった。

このアスタコをさらに大型の部品で作り、実用性を向上させたのが、実用型の**「アスタコNEO」**である。アスタコNEOは震災の被災地に投入され、その操縦席と双腕のイメージから「ガンダム」というあだ名が付けられている。

特殊乗り物
NO.021

【森を往く昆虫型マシン】
プラステック・ウォーキングマシン

フィンランド

林業は過酷な仕事である。運ばなければならない荷物は重く、山の斜面は急だ。しかも、きれいに整地された坂道ではなく、藪に覆われて、場所によっては大きな凹凸がある。人力ではただ歩いて移動するだけで、重労働である。かといって大型の重機では森に入ることができないし、無理に押入れば森を傷めてしまう。一方で、小型の重機ではできる仕事に制限がある。

世界最大の農機具ブランド**「ジョン・ディア」**傘下の、フィンランドの機械メーカーであるプラステックは、1999年、森林の複雑な地形に自由に対応でき、しかも森林を傷めない**新型トラクターの試作機**を開発した。

これが**「プラステック・ウォーキングマシン」**である。

このマシン最大の特徴は見ての通り、履帯や車輪ではなく、**昆虫のような6本の歩脚で歩いて移動する**という点である。ご存知の通り、平地を高速で走る時には車輪がもっとも効率がいいのだが、地形がデコボコで、なおかつ不規則に傾斜している森林の場合、車輪ではうまく接地することが難しい。だが、**脚ならば柔軟に曲げ伸ばししてどのような地形にも対応**

[プラステック ウォーキングマシン DATA]【開発】1999年 【全長】5.75m 【重量】13[illegible] 【乗員数】1名

できる。

また、履帯では通った後をすべて踏み荒らしてしまうが、脚ならば足跡がへこむ程度ですむ。

このマシンは歩行可能な車体部分を基本として、アタッチメントを交換することで様々な作業をこなすことが可能な設計になっている。レバーで方向を指示すれば、細かい動作はコンピューターが行ってくれるため、**見た目に反して操作は比較的簡単**だった。

しかし、残念ながら肝心の**足の運びが異常に遅く、移動に時間がかかりすぎる**という大きな欠点があった。

プラステックの**ウォーキングマシンはあくまで試作機**である。今後はこのようなマシンが主流になる日もくるかもしれない。

特殊乗り物
NO.022

【柔よく剛を制す】

ローリゴン トランスポーター

通常のトラックはタイヤで走行する分、どうしても走れる場所が限られてしまう。平坦な草原ならまだしも、岩や倒木がゴロゴロしている狭い山道や、表面が柔らかい砂地に入ろうものなら、一発で動けなくなってしまう。逆に履帯で走る乗り物の場合、通常の舗装された道路を走ると路面を破壊してしまうという欠点がある。なんとか荒れ地を平気で、しかも柔軟に走れる車両はできないものか。

1951年、朝鮮戦争当時のアメリカで、発明家の**ビル・アルビー**はアメリカ軍の将校が朝鮮半島の狭い山道に困っているということを耳にする。田舎の山道は、そもそも車両が通行することは考慮されていない。**車を使った物資や人員の輸送は難しい**のだ。

これをビジネスチャンスと考えたアルビーは、アラスカ先住民が膨らませた革袋を使って船を岸に上げるのを見て考案した**「低圧ワイドタイヤ」**の実用化に乗り出す。

これは一見、ロードローラーのように見えるが、**フニャフニャのバルーンのような柔らかい筒型のタイヤ**で、固くてとがったものを踏んでも柔らかく包み込んでしまい、そのまま通過することができた。

［ローリゴン　DATA］【開発】1957年　【最高速度】75km/h　【積載量】7 t

また、軽いわりに接地面積が非常に広く、面積あたりにかかる重さが小さいのも特徴で、柔らかい砂の上でもまったく沈み込まず、**あたかも浮いているように走行**できた。なんと直接人間を踏んでも平気なほどで、人間が笑顔で踏まれている写真も残っている。

この車両を製造販売する会社アルビー・ローリゴン社を立ち上げたアルビーだが、結局、**この商売では成功できなかった**。

詳しい理由は定かではないが、低圧ワイドタイヤという発想があまりに特殊であったため、**逆に使い道が限られてしまった**というのも原因だろう。

アルビーはその後もタイヤに関する研究を続け、タイヤメーカーと共同で研究開発などを行っていたようである。

特殊乗り物
NO.023

【鉄道の安全を守る】オヤ31形　建築限界測定車

日本

鉄道の路線にはトンネルもあれば住宅地もある。

そこを通る列車にはトンネルなどにぶつからないように、サイズを一定の大きさにしなければならない**「車両限界」**という決まりがある。線路の方にも同様の基準が設けられており、これを**「建築限界」**という。この建築限界より線路に近い領域には、物があってはならないと決められているのである。

だが、線路を増設したり、施設の建て替えなどを行った場合、その建築限界を知らずに超えて、線路内に物が突き出た危険な状態になる可能性がある。また、トンネルのカーブなどが設計時の計算と微妙に違っているおそれもある。

ほんの数センチのズレでも、**走行中の車両に干渉するようなことがあれば大変**である。車体が裂けたり、窓が割れるなどしてけが人が出るかもしれないし、最悪の場合は脱線のような大事故につながるかもしれない。

そこで建築限界が守られているかどうかを測定する車両が必要になり、日本国有鉄道が開発したのが**「オヤ31形　建築限界測定車」**である。

〚オヤ31形 建築限界測定車　DATA〛【開発】1949年　【全長】20m

このオヤ31形は通称**「オイラン車」**とも呼ばれている。車両から突き出している無数の突起を**〝花魁のかんざし〟に見立てた呼び名**である。このオイラン車の突起は**接触型のセンサー**になっており、このセンサーがちょうど建築限界の大きさに並べられている。

測定したい路線でこのオイラン車をゆっくりと走行させてみて、万が一、建築限界を超えた障害物があった場合、このセンサーが倒れる。それを目視で確認したり、スイッチが入って車内のランプが点灯して知らせるという仕組みであった。

現在はオイラン車のほとんどがすでに引退しており、同様の試験は**レーザー光線を使用して建築限界を測定する新型車両**によって行われている。

特殊乗り物 NO.024

ケッテンクラート

【鉄の駄馬奮闘す】

ドイツ

戦場で必要な乗り物は、戦車や自走砲のような派手な大型火砲だけではない。砲弾や燃料がなければ戦車は動かないし、存在する意味がない。また将校がいなければ作戦も立てられないのだ。これらを運ぶ大小の輸送トラックや、連絡用の乗用車などがすべて揃ってこそ戦闘能力が発揮できるのである。

だが、戦場ではトラックは道なき道を進まねばならず、**どうしても泥濘にタイヤを取られて立ち往生**してしまう。そこで考え出されたのが、トラックの後輪部分だけが履帯になっており、かなりの泥濘の中でも行動できる半装軌車**「ハーフトラック」**である。ハーフトラックは第二次大戦中、ドイツやアメリカなど各国で使われた。特にドイツは多種のハーフトラックを運用したが、その中でももっとも小型の物が**「ケッテンクラート」**である。

通常のハーフトラックが輸送車を半装軌式にしたものなのに対し、ケッテンクラートは**バイクを半装軌式にしたもの**である。

その本来の目的は、グライダーで空挺降下させ、**火砲を牽引して緊急展開させること**だった。しかし、泥濘の中で少人数の人員を運んだり、ちょっとした重さの荷物を運ぶという需

［ケッテンクラート DATA］【開発】1939年 【全長】3m 【重量】1.5t 【最高速度】70km/h 【乗員数】3名

要は多く、徐々に**色々な方面での雑用に使われる**ようになる。ときには最前線だけでなく、飛行場で機体を牽引するトラクター代わりに使われるといったこともあった。

構造は外見よりは複雑で、**ハンドルを切ると切った側の履帯にブレーキがかかる仕組み**になっており、それによってスムーズに曲がることができた。

極寒の東部戦線では氷や泥で前輪が動かなくなることがあったが、前輪を取り外しても前述の仕組みのおかげで走行することができた。

ケッテンクラートは兵器というより泥濘でも行動できる超小型のトラックとでもいうべきものだった。そのため、戦後は民生品に転用され、**一般向けに農業用のケッテンクラートなどが生産されている**。

特殊乗り物
NO.025
【どこでも走れる万能車】
シュビムワーゲン
ドイツ

前線の将校は常に他の部隊や司令部との連絡を密にする必要があるし、会議にも出なければならない。その他、諸々の雑務の移動に使われるのが**連絡用の乗用車**である。

存在が地味過ぎて一般にはほとんど認知されていないが、前線の将校にとって連絡用の車両は欠かせないものである。

たとえば、ドイツの戦車エース、**オットー・カリウス**は連絡用にキューベルワーゲンという軍用車を愛用しており、あまりに前線で常用していたため破損事故が多発。兵士達はカリウスを**「キューベルの死神」**と呼んだ、などといった逸話も残っている。

そのキューベルワーゲンだが、当初は専用設計ではなく、民間向けのフォルクスワーゲンの設計を流用したものだった。そのため、頑丈で信頼性は抜群だったが非力で、パワー不足を車体の軽さで補っているような状態だった。

そこでドイツ軍は河を渡るなど、あらゆる場面で運用できるように、キューベルワーゲンの強化を計る。そうして誕生したのが**「シュビムワーゲン（水泳車）」**である。

この新型の連絡車両では、エンジンの強化が図られ、後輪駆動から四輪駆動に変更され

[シュビムワーゲン DATA]【開発】1942年 【全長】3.82m 【重量】910kg 【最高速度】80km/h（陸上） 【乗員数】4名

た。なにより**水陸両用になったのが大きな改良点**で、ただでさえマンガチックなデザインのキューベルがまるっこいボート型のボディになり、妙にかわいいデザインになっている。

車体の後部には跳ね上げ式のスクリューが装備されており、これを専用の棒で押し下げると**駆動部分とスクリューが接続され、ボートとして水上を航行**できた。

その性能は**軍用でありながらレジャー向きとしか言いようがなく、ドイツ軍の兵士たちがやけに楽しそうに乗る記録写真**が多く残されている。

現代ではレストア車が完全にレジャー用の（そしてコレクション用の）水陸両用車として扱われており、愛好家が自慢の愛車を持って湖に繰り出している。

特殊乗り物 NO.026

【暴風の火消し屋】

ビッグウインド消防車

ハンガリー

わたしたちの生活に欠かすことができない石油。石油製品は油田から噴き出してきた原油を回収、加工して作るものだが、その油田に万が一、火災が発生したら大変なことになる。なにしろ膨大な量の可燃物が噴き出し続けているのである。**一度火がついたら並の装備では消火することは不可能**である。だが、それを可能にする驚異の消防車が存在する。

冷戦時代、**生物化学兵器や核攻撃によって汚染された装備を洗浄**するため、極めて特殊な放水車両がハンガリーで生み出された。**「ビッグウインド」**である。

ビッグウインドはその名の通り、通常の放水車ではあり得ない、**暴風雨のような強力な放水**を行うために開発された。ビッグウインドの車体はソビエトが第二次世界大戦時に開発した**傑作戦車T・34**のものである。T・34は高性能なわりに設計がシンプルで壊れにくく、戦後も長い間使用されたほどだった。また数万両単位で生産されたので、車体は比較的手に入れやすいのだ。

このT・34の車体に載せられたのが、特製の放水装置である。

［ビッグウインド消防車　DATA］【開発】冷戦期　【車体長】6m　【乗員数】3名
※画像は「we are the mighty.com」より

といっても、さすがは特殊放水車。載せているのは、単なる放水装置ではない。なんと**ミグ21戦闘機のジェットエンジン2基**を並べ、そこから噴き出す**ジェット噴射に、エンジンの噴射口前に開口したノズルから噴出した大量の水を混ぜて放水**するという前代未聞の放水装置なのだ。

その水量はすさまじく、**一般的なプールならば50秒で空になるほど**で、その様子はまるで巨大な滝が重力を無視して、水平に落ちているかのようである。

頑丈な戦車の車体は乗員を火災の強烈な熱から守ることもでき、放水装置は外部からリモコンでも操作可能である。

現在、大規模火災専用の消防車とされたビッグウインドは、**油田火災の消火に力を発揮**している。

特殊乗り物 NO.027

【ヘリと飛行機の間で】

シエルバ・オートジャイロ

イギリスほか

皆さんはオートジャイロという乗り物をご存知だろうか。

オートジャイロは一見するとヘリコプターに似ているが、**ヘリコプターとは機構上、決定的に違う点**がある。

ヘリコプターは動力を用いて回転翼を回転させ、垂直に離着陸する。それに対して、オートジャイロの回転翼は基本的に無動力で、別に取り付けられた推進用のプロペラを回転させて進み、風を受けた回転翼が回転することで揚力を発生させ、飛行する仕組みになっている。

オートジャイロの利点は**飛行機より滑走距離が短くてすむ**ことである。クラッチを介してエンジンの回転で回転翼を事前に回した上で、動力を切り替えて発進する機種もあり、その場合、**竹とんぼのようにほぼ滑走なしで離陸できる**。また、ヘリと違い構造が単純ですむため、製造が簡単で小型化が容易だった。

このオートジャイロを発明したのが、スペイン人の技術者、**ファン・デ・ラ・シエルバ**である。

シエルバはイギリスに渡って１９２６年に**シエルバ・オートジャイロ会社を設立**、オート

［シエルバ・オートジャイロ（C.19） DATA］【開発】1929年 【全長】5.49m 【ローター径】9.15m 【重量】386kg 【最高速度】153km/h 【乗員数】2名

ジャイロの開発製造を始める。当のシエルバが1936年に飛行機事故で亡くなるなどトラブルもあったものの、オートジャイロはその特性を生かして**軍用、レジャー・スポーツ用など幅広く活躍**した。

しかし、ヘリコプターが実用化に成功すると、**実用的な仕事はすべて奪われてしまうことになる**。形はヘリに似ていても、空中停止（ホバリング）ができず、物を持ち上げて輸送することができない上、速度も遅く飛行機のように自由に身を翻して運動することもできず、**使い途がなくなってしまった**のだ。シエルバ・オートジャイロ会社も他社の傘下に入りながらヘリの開発製造にシフトしていった。

現在ではオートジャイロは手軽なスポーツ機として親しまれている。

特殊乗り物
NO.028

カマンK・MAX

【よみがえった高性能ヘリ】

アメリカ

第二次大戦中のドイツにひとりの技師がいた。**アントン・フレットナー**である。フレットナーは**オートジャイロやヘリコプターの専門家**であり、世界初の実用ヘリを手がけた、かのフォッケ博士と同じ時期に、まったく別のアプローチでヘリコプターの実用化を目指していた。

そして作り上げたのが**「交差反転式ローター」**である。

大きなローターを回転させるヘリコプターには、その反対方向に胴体を回転させようとする力も働いている。それを打ち消すには尾部に小さなテールローターをつけるか、大きな2つのローターを互いに逆回転させて打ち消すかしかない。テールローターはエネルギーのロスになるし、ローターを2つつけるのは小型の機体には難しい。

フレットナーが考え出したのは、**2つのローターの基部を隣り合わせて斜めに配置し、タイミングをずらして回転させる**ことで、羽根がぶつからないようにするという方法であった。だが、フレットナーのヘリは、広く活躍する前に戦争が終わったため、ほとんど知られることはなかった。

［カマン K-MAX　DATA］【開発】1991年　【全長】15.8m　【ローター径】14.71m　【重量】2.3t　【最高速度】185km/h　【乗員数】1名

そして90年代、アメリカの航空機メーカー、カマン社は新型ヘリを開発した。

それは荷物を吊り下げて運ぶ比較的小型だが強力なヘリであり、これに使われたのが**交差反転ローター**だった。実は戦後、**フレットナーはカマン社にアイデアを提供**していたのである。

この**「カマンＫ・ＭＡＸ」**はその構造から来る安定性で、**建築物の部材輸送や山間部の作業などに優れた能力を持つ**。

また、操縦手が吊り下げた荷物や地上をよく視認できるように、機体を限界まで平べったくして、視界を塞がないデザインにした。

その使用目的に特化したデザインでＫ‐ＭＡＸは高い評価を得て、**各国の企業やアメリカ軍などで使用**されている。

特殊乗り物
NO.029

【珍飛行機の最右翼】スネクマ コレオプテール

フランス

第二次大戦が終わり、冷戦期が訪れると、アメリカやソビエト、イギリスなど世界の主要な兵器生産国は、**垂直離着陸機の研究**に力を入れるようになった。

同じ頃、フランスでも独自の設計による垂直離着陸機が研究されていた。その研究を行っていたのはフランスの**スネクマ社**。スネクマはフランス政府が航空機のエンジンを作らせるために民間企業を国有化してできた企業であり、航空機メーカーというよりはエンジンメーカーだった。

そのせいか、スネクマの垂直離着陸機は他国にはない、なんとも独特の姿をしていた。なにより特徴的なのは**「円環翼」を採用**していたことである。翼というものは横に伸びているのが当たり前だと思われがちだが、原理的には筒型でも揚力を発生するものである。また、横に伸ばすよりも軽く丈夫にすることもできる。なにより着陸時に機首が上向きになるテイルシッター機にとって、バランスの取りやすい形状だった。

こうして誕生したのが**「スネクマ Ｃ・４５０コレオプテール（甲虫）」**である。

コレオプテールは１９５９年から飛行テストを開始した。

［コレオプテール　DATA］【開発】1959年　【全長】8.02ｍ　【全幅】4.51ｍ　【重量】3ｔ　【乗員数】1名

飛行テストといっても自由に飛び回るわけではなく、少し浮いては降りる、さらに少し高く浮いては降りる、ということを慎重に繰り返すのである。

なにしろ前例のない奇怪な飛行機であり、そのテストは慎重を極めた。

上昇するだけなら上を向いたままエンジン出力を上げればいいが、そこから**水平飛行に移る際にバランスを崩す心配があった**のだ。

そして、その心配は現実のものとなる。

9回目の試験でスロットルの不調から**機体が制御不能の回転を始め、ついには墜落**してしまい、脱出した操縦手も重傷を負ってしまったのだ。

結局コレオプテールは斬新過ぎて手にあまり、**計画は再開されなかった。**

特殊乗り物 NO.030

【空飛ぶ原子炉の狂気】

X-6原子力機

アメリカ

第二次大戦の最末期に、はじめて実戦に投入されたのが原子爆弾である。原子爆弾は核物質の分裂時に、物質の質量の一部がエネルギーに変換される現象を利用した爆弾で、たった一発で**大都市だった広島の中心部を壊滅させる威力**があった。

核分裂は一挙におこせば強力な爆弾となるが、ゆっくりおこせば非常に長期間にわたって熱を発生し続ける**「原子炉」**となる。この現象を使った原子力潜水艦は、潜航したまま数年間活動が可能という高い能力を持つ。

アメリカは原子力を飛行機にまで適応し、着陸することなく飛行し続けられる原子力爆撃機の開発を計画する。これを視野に入れ、まず実行されたのが、**原子力実験機「X-6」**の開発だった。

飛行機のエンジンに原子炉を使えば、**理論上は数年間飛行しつづけることも可能で、地球を何十周でもできる**。漫画に出てくる最終兵器としか思えないが、**アメリカは本気だった**らしく、B-36爆撃機を改造したNB-36H実験機に実際に原子炉を積んで（積んでいるだけで動力ではない）、テストまで行っている。

原子炉を積んでテスト飛行するNB-36H

[X-6 DATA]【開発】50年代（計画のみ）【全長】49.38ｍ【全幅】70.1ｍ【重量】163ｔ【最高速度】628km/h【乗員数】5名

このテストはＮＢ-36Ｈが墜落し汚染が発生した場合に備え、現場を封鎖するための歩兵部隊まで輸送機で同行させて行っていたそうである。

問題は原子炉の熱をどうジェット噴射に変換するかということだが、どうやら**吸入した空気を直接原子炉に吹き込んで、高温で膨張した空気を噴き出して飛行**することを想定していたようである。

もちろん、**その排気は放射能汚染されている可能性大**である。無論、そんな馬鹿げた機体を自国領土で飛ばすことなどできないし、そもそも飛ばすことを心配する以前に、この原子力ジェットエンジンの開発は難航を極めた。

結局、**計画は中止**され、Ｘ-６も実際に製作されることはなかった。

特殊乗り物 NO.031

【不条理な合理的輸送機】

XC-120パックプレーン試作輸送機

アメリカ

戦争に必要なのは主力兵器だけではない。その他の物資も必要である。それらを迅速かつ大量に輸送するには優れた輸送機が不可欠であり、その重要性は兵站を重視するアメリカ軍も当然理解していた。アメリカは第二次大戦中には**C・82パケット**、終戦後からは改良型の**C・119フライング・ボックスカー**という輸送機を採用していた。

これらは手堅い性能で、通常の任務を安定してこなす、安心の機体といった飛行機だった。開発した航空機メーカーのフェアチャイルド社は、C‐119をさらに改良し、もっとすごい輸送機を作ろうと考えた。

C‐119は優れた輸送機だったが、当然ながら荷物の積み降ろしは貨物室の後ろにある扉を開け放って、人が出入りして行わなければならず、どうしても時間がかかってしまう。そこでフェアチャイルドでは、**「貨物室自体を取り外せるようにする」**という安直とも思えるアイデアを実行に移す。

これが**「XC・120パックプレーン」**である。

パックプレーンの機体は、ほぼC‐119と同じだが、機体自体には乗務員用のキャビン

[XC-120 DATA]【開発】1950年 【全長】25.25m 【全幅】32.46m 【最高速度】400km/h 【乗員数】5名

があるだけで、**貨物室は独立したパーツとして胴体部に着脱可能**だった。

この貨物室には車輪がついており、接続を外すと、トラクターで引っ張って移動させることができた。

これなら運んできた物資を貨物室ごと置いて、すでに空になっている貨物室を持って帰れば非常に迅速なピストン輸送が可能である。

しかし、パックプレーンは量産されなかった。着脱システムの重さの分、搭載できる貨物量が減ってしまうし、そもそもアメリカ軍は輸送機を山ほど持っていたので、**その気になれば荷物などいくらでも送れる**のである。

結局、**パックプレーンは1機生産されただけ**であった。

特殊乗り物
NO.032
【全金属製飛行船が征く】
ZMC‐2飛行船
アメリカ

軟式飛行船のいわゆる風船の部分は **「エンベロープ」** と呼ばれ、中にヘリウムもしくは水素ガスが充填されている。エンベロープは本来柔らかい素材で作るのが一般的であるが、内部に充填するガスはどんなに精密に密閉しても、素材そのものから徐々に透過し、抜けていってしまう。

鉄よりはるかに軽い金属であるアルミニウムが開発されると、卵の殻のように薄い金属板でエンベロープを構築する **「全金属製飛行船」** のアイデアが出されるようになる。

金属はガスの分子を逃がしにくく、ガスの無駄な消費をおさえられる。また、単なる風船と違い、硬い構造材でできた全金属製飛行船は風を受けても船体が変形しにくいのだ。

だが、製作には緻密な金属加工技術が必要で、実際には19世紀末に初歩的な実験機が作られただけで、**完成品と言える機体が現れるのは第一次大戦後**まで待たねばならなかった。

１９２９年にアメリカで完成した **「ＺＭＣ‐２飛行船」** は、世界でも唯一の実用可能な全金属製飛行船だった。

ＺＭＣ‐２のエンベロープはアルミの合金である**ジュラルミンの薄板**でできており、その

[ZMC2　DATA]【開発】1929年　【全長】45.4m　【全幅】16.2m　【最高速度】110km/h　【乗員数】2名

薄さは0・24ミリで、実に**350万本のリベットを打って接合**していた。

その船体は通常の飛行船よりまるっこく、折れ曲がりにくかったが、安定性に不安があったため、安定翼を8枚も装備している。風船と違いガスの注入で膨らんでいくわけではないので、エンベロープ内の空気を重い二酸化炭素で追い出してから軽いヘリウムガスを注入する必要があり、**ずいぶん手間がかかった**ようである。

世界唯一の全金属製飛行船として建造されたZMC・2は、試作機にしては順調に飛行してみせた。

だが、飛行船の時代も終わりに近づき、通常の軟式飛行船の性能も上がっていたため、結局、同型船は作られず船体の寿命とともにスクラップにされてしまった。

特殊乗り物
NO.033
【空飛ぶ円盤はカナダ製】
アブロカー

イギリスにはＡ・Ｖ・ローという人物が創業したアブロ社という航空機メーカーがあり、そのカナダの子会社がアブロ・カナダ社である。

１９４７年、そのアブロ・カナダ社に１人の技師が入社する。**ジャック・フロスト**である。

この頃、アメリカでは**「空飛ぶ円盤」ブーム**が巻き起っていた。

フロストは円盤の正体よりも、仮に円盤型の機体があった場合の飛行特性の方が気になっていた。フロストは**「プロジェクトＹ」**という社内プロジェクトで垂直離着陸機の研究を手がけ、そのなかで**「垂直離着陸機には円盤型の機体が向いているのではないか」**という結論を得る。

この構想はイギリスに売り込まれたが相手にされず、アメリカ空軍が関心を示して研究がすすめられたが、結局実機が製作されることはなかった。しかし、今度はアメリカ陸軍が**「高性能のホバークラフトのような乗り物」**としてフロストの円盤機に関心を示す。

こうして作られたのが**「アブロカー」**である。

アブロカーは円盤形の機体の内部に３発のジェットエンジンを搭載し、その排気で**中央の**

［アブロカー　DATA］【開発】1959年　【全長】5.5ｍ　【重量】1.3ｔ　【最高速度】483km/h（計画値）　【乗員数】2名

巨大なファンを回転させて、排気と気流を外縁から噴き出して飛行する。

一応、フラフラと浮き上がり、ゆっくり飛行することには成功した。

だが、この機体は**恐ろしく安定性が悪かった**。噴射口と地面の距離が近いほど揚力が強くなるアブロカーは、前後左右に揺れはじめると**機体の端と端が交互に持ち上がろうとして、揺れが止まらなくなる**のである。

それを見たアメリカ軍が手を引こうとしたため、フロストは**安定翼を取り付けたタイプを提案**している。それはもはや、円盤形とはいいがたい機体であった。

しかし、その提案もむなしく円盤機の実用化はならず、アブロカーは博物館の展示品となっている。

特殊乗り物 NO.034

UHAC水陸両用揚陸艇

【障害を乗り越えて上陸せよ】

アメリカ

軍事作戦において、兵員や車両を海から海岸に上陸させる役割を担うのが**揚陸艇**である。

揚陸艇にはいくつか種類があり、船首を砂浜に乗り上げ、スロープを展開して車両や人員を下ろすものもあれば、大型ホバークラフトに車両や人員を載せて揚陸艇もろとも上陸して部隊を展開させるものもある。

しかし、それぞれに一長一短がある。

通常の船舶とおなじタイプの揚陸艇では、水深の浅い遠浅の海岸では岸に接近することができない。ホバークラフト型の揚陸艇は海面上に浮上して、半ば飛行しながら航行するので水深は関係ないが、空気を溜める柔らかいスカート部分が岩や流木にぶつかって、破れてしまうおそれがある。

そのため、アメリカ軍では、**遠浅の海岸であろうと障害物があろうと気にせず進める揚陸艇**を開発中であり、その試作機が**「UHAC」**である。

その姿はまるで履帯を装備した装軌式輸送トラックである。

しかし、ただの履帯と違うのは、その**履板の一枚一枚がフロート（浮き）になっている**点

[UHAC 水陸両用揚陸艇　DATA]【開発】2014年　【全長】13m　【重量】38 t
【最高速度】5ノット

だろう。

UHACはこの特殊な履帯で海面上に浮き、これを回転させて**まるで地面を進むように前進することができる**。たとえ途中に流木が浮かんでいても、無視して踏みつけてしまえばいいのである。

もちろん、あくまで基本的な構造は装軌式トラックなので、そのまま海岸から砂浜に走行しながら上陸することが可能である。

速度が遅いのが欠点だが、実用化されたとしても最前線で強襲に使われる可能性は低く、あくまで**輸送船と岸を往復する任務に使われる**ことになるだろう。

ちなみに試作型は全長13メートルだが、もしも実用化される場合、戦車も積めるように、この**2倍の大きさにするつもり**のようだ。

特殊乗り物
NO.035
【海底を整地せよ】
コマツD155W水陸両用ブルドーザー
日本

ブルドーザーとは、巨大なドーザーブレードと重い車重で土地の凹凸を削ってならしたり、障害物を排除するための重機である。どんな土地でも最初から更地の状態で存在することなどあり得ず、建物を建築したり、畑を作ったりする際にもブルドーザーは活躍するのである。

しかし、そんなブルドーザーでも、活躍できない場所がある。

それは**水の中**である。水の中で作業するには、忍者のように水中でも吸排気でき、水没しっぱなしでも平気で動き回ることができる性能が必要である。

そうした水の中での作業を遂行できるブルドーザーを求める声に応えて、１９７２年に日本の建機メーカーのコマツが開発したのが、**「D155W水陸両用ブルドーザー」**である。

船が航行するにはある程度の深さが必要であるが、岸近くや川では泥が溜まって浅くなってしまうことがある。Ｄ１５５Ｗは浅瀬に溜まった泥を陸に捨てたり、浚渫船（泥すくい専門の船）が入り込めない部分の泥を掻き出したりするのに使われる。

一応人も乗れるスペースはあるが、基本的には**ラジコンのように陸から無線で操縦**する。

[D155W 水中ブルドーザー DATA] 【開発】1971年 【全長】9.3m 【重量】43.5 t 【高さ】9.7m 【乗員数】0～1名 （写真提供：時事通信）

高い排気塔を備えているおかげで、**水深7メートルまでエンジンの吸排気を気にせず作業可能**。この排気塔は倒すことができるため、低い橋などの下を潜り抜けることもできる。

オプション装置として岩を粉砕する油圧リッパやクレーンも搭載することができ、遂行できる作業は実に多彩で、**波消しブロックの設置から河川の整備まで大活躍**している。

東日本大震災の津波被害からの復旧工事にも、Ｄ１５５Ｗは出動した。

ただし、誕生からすでに40年以上も経過したかなりの旧式機であったため、この復旧工事のために**ボロボロだった車両をメーカーで修理**して、あらためて現役復帰したという。

特殊乗り物 NO.036

【海を守る奇想の船】

ボットサント級油回収船

ドイツ

石油は人々の暮らしに欠かせないものだが、一方で環境汚染の危険もはらんでいる。万が一、油が海に流出した場合、そこにすむ生き物に甚大な被害を与えてしまうし、漁業や養殖業にも壊滅的な打撃を与えることとなる。

そのため、流出した油はすぐさま回収しなければならないのだが、**海面に広く浮かんでいる油の回収はなかなか厄介**である。

通常の船では、せいぜいオイルフェンスと呼ばれる海面に浮かぶ柵で油を囲むくらいしかできることはない。オイルフェンスはただ油がそれ以上、広がらないようにするだけのものだ。油を回収するには、専用の機能を持った油回収船が必要なのである。

ドイツ海軍は、油の流出事故に備えて、１９８０年代から奇妙な船を運用し始めた。それが**ボットサント級1番艦「ボットサント」と2番艦「エヴァーサント」**の2隻の油回収船である。

ボットサント級は、港に停泊しているときや通常の航行時は、特に変わったところのないごく一般的な中型艦艇である。多少、艦上の構造物が左右非対称なかたちをしているもの

［ボットサント級油回収船　DATA］【開発】1984年　【全長】46.3m　【重量】650排水t　【最高速度】10ノット　【乗員数】6名

の、それ以外は取り立てて変わっているわけではない。

その**真の姿を現すのは、油を回収するとき**である。

ボットサント級は、構造上、**船体が左右別々にできている**。回収作業を行う際は、**船体が船首から尾部を基点に真っ二つに割けて、65度の角度で八の字型に展開**することができるのだ。

船上の構造物が奇妙に左右非対称なのは、**そもそも左右がつながってないから**なのである。ボットサント級は広げた船体で海面の油を収集して吸引し、貯蔵タンクに回収することができる。

ボットサント級は軍所属だが運用は民間人が行っており、軍事作戦以外にも活用されると思われる。

特殊乗り物 NO.037

【音で海底を探る】

ラムフォーム型探査船タイタン級

日本

水の中は視界が悪く、電波も届きにくい。昔から軍事用の潜水艦が音を頼りに戦っているのも、それしか方法がないからだ。

音だけは、空気中より水中の方が速く遠くに届く。そのため、音波を発してその反響音をとらえることで、音を反射した物体の形や材質まで見分けることができる。イルカの仲間がこのような能力を持つことで有名だが、音を利用した海底探査を行う専門の船も存在するのである。

反響音を使った海底探査に特化した船型を**ラムフォーム型**という。

これは幅広い船体を持つ探査船で、**ハイドロフォン（水中聴音機）が内蔵されたストリーマーケーブル**を何本も並列に引きながら航行して海底を調査する。船から音波を海底に向けて発射し、その反響音をとらえることで海底の様子や地質を立体的に把握するのである。

ノルウェーの海底資源調査会社ＰＧＳは、新型のラムフォームが探査船の製造を、日本の**三菱重工業に発注**した。それに応えて、２０１３年に三菱重工が完成させたのが、**「ラムフォーム型探査船タイタン級」**である。

［ラムフォーム型探査船タイタン級　DATA］【開発】2013年　【全長】104.2m
【幅】70m　【速度】15.5ノット　【乗員数】60名　（写真提供：朝日新聞社）

タイタン級はストリーマーケーブルを並列に何本も並べたまま航行できるように、船体の幅を極度に広げており、全長104・2メートルに対し、幅が70メートルもある。

しかも船尾が細くなっていてはケーブルを並列に曳航できないので、船尾を断ち切られたような構造で、上から見ると**三角形のおむすび型**をしている。同時に**最大24本のストリーマーケーブルと、音波を発射するガンアレイを6基曳航**することができ、海底資源の探査に威力を発揮する。

資源探査船という性質上、航海が長期にわたるため、船内には**リフレッシュ用のサウナやプール、バスケットボールがプレイできる運動場まで完備**。乗員の心身の健康にも気を配った設計になっているという。

特殊乗り物
NO.038

【帆を持たない帆船】ローター船バーデン＝バーデン

ドイツ

野球のボールを投げるとき、ボールに強力な回転を与えると、回転する方向に引っ張られるように変化する。このように、回転する物体が周囲の空気を巻き込んで、一種の揚力を発生させる現象を**「マグヌス効果」**という。

1920年代のはじめ、技師の**アントン・フレットナー**（P68「カマン K-MAX」参照）は、砂浜で妻と遊んでいるときに、**マグヌス効果の原理で船も動かせるのではないか、**と思いついたと言われている。回転する筒が横風を受ければ、前に引っ張られる力に変わるというわけだ。

そこで早速中古の帆船を購入し、これの改造に取りかかる。この船はブッカウ号、後に改名し**「バーデン＝バーデン」**と呼ばれている。

帆を張るマストの代わりに高さ18・3メートル、直径2・8メートルの巨大な円筒を2本設置し、これをディーゼルエンジンで発電した電気を使いモーターで回転させた。

この**フレットナーローター**は特に横風で有利になり、横から吹く風を前に進む力に変えることができた。速力は最大11ノットで、さほど速いわけではなかったが、原理を実証する実

[ローター船バーデン＝バーデン　DATA]【開発】1920年　【全長】54m　【最高速度】1-ノット　【乗員数】10名

験船としては大成功だった。普通の帆船は大勢の船乗りが走り回って操らねばならないことを考えれば、劇的に運用が楽になったのである。

だが、当然のことながらバーデン＝バーデンは実験船で終わった。

通常の汽船がどんどん進歩していた時代に、帆船にせよローター船にせよ、**もはや必要とされなくなっていた**のである。

バーデン＝バーデンも後に事故で失われ、本格的なローター船もわずかしか建造されなかった。

しかし現在、あくまで補助的な動力としてだが、**フレットナーローターが見直されつつあり、これを取り入れた新造船も作られている**。80年の時を経て、フレットナーの着想が再評価されているのだ。

特殊乗り物
NO.039
【海上の研究基地】
海洋調査プラットフォームFLIP
アメリカ

ひとくちに海洋調査といっても、その内容は様々である。

海底の鉱物を調べて資源の有無を調査したり、はたまた深海生物を調べて生命の神秘をひも解いたりと目的や方法は多岐にわたるが、なかでも忘れてはならないのは海の性質そのものに関する調査、つまり**海水の特徴や波の力、水温、海上を吹く風などの研究**である。

海底調査に深海調査船や潜水ロボットが必要なように、**海上の調査にも専用の船が必要**だった。特に潜水艦や軍艦の運用、敵艦の発見に、音響をはじめとする精密な海の研究データを求めていたアメリカ海軍は、海の性質を調べる専用船の必要性を痛感していた。

そこでアメリカ海軍は海上に静止して、海の性質を調べる専門の研究プラットフォームの開発に着手し、１９６２年に「**ＦＬＩＰ**（フローティング・インストゥルメント・プラットフォーム）」を完成させる。

ＦＬＩＰは自走できないため、厳密には船とは言えない。**一種の海上基地**である。移動はタグボートに牽引してもらうことで行う。

その船体は、イモ虫のような長さ91メートルのバラストタンクの先端に、通常の船の船首

[海洋調査プラットフォームFLIP　DATA]【開発】1962年　【全長】108m　【容積】700 t （総トン数）【乗員数】16名

だけがついているかのような奇妙なものである。

ＦＬＩＰは目的の海域に到着すると、バラストタンクに注水、**なんと90度起き上がり垂直に立ってしまう。**これは地面に基盤の杭を打ち込むように、船体を安定させる効果がある。

船体を垂直にすれば、当然、船内も90度傾くわけだが、**ベッドやトイレなどは角度が変更できる構造**になっており、生活に支障はないという。

自走能力はないがエンジンは積んであり、これによって発電し、観測機器などの電力をまかなう。

一度補給を受ければ、**11人の科学者と5人の乗員が30日間生活できる**という。ＦＬＩＰは現在も活動中である。

特殊乗り物
NO.040

【縁の下の力持ち】
レガシー級タグボート

アメリカ

大勢の旅人に豪華な船旅を提供する豪華客船、社会の血液ともいえる石油を運ぶ勇壮な巨大タンカー、有事とあれば駆けつけるハイテク軍艦……、いずれも花形と言える役割を持つ船である。しかし、一般的にはまったく知られていなくとも、重要な任務を黙々と遂行する働く船達もまた存在するのである。

そのような船の中に**「タグボート」**という船がいる。

タグボートは単体では何かを運んだりするわけでも、特別に速度が速いわけでもない。タグボートの役割は**他の船を押したり引いたりすること**。たとえば巨大な貨物船がせまい港に入港してきた場合、小回りが利かずにうまく接岸できない。そこで、タグボートが貨物船の船体を押して動かしてあげるのだ。そのためタグボートは、まるっこくて小回りが利く、低速重視のため**速度は遅いが馬力は十分という特徴**を持つ。

また、タグボートには**艀（はしけ）を移動させる**という役割もある。艀とは無動力の筏のような物で、鉱石や石油などを大量に積めるが自走することはできない。これを押して運ぶタグボートを特に**「押し船」**という。

750型艀との結合時
クローリー海事社のHPより

［レガシー級タグボート　DATA］【開発】2011年　【全長】142m　【容積】1567t（総トン数）【最高速度】15ノット

この押し船の特徴を特に表しているのがアメリカのクロウリー海事会社が持つ**「レガシー級タグボート」**である。

レガシー級は大型船から艦橋と機関室だけ取り出したような奇妙な姿をしている。

船体の長さのわりに艦橋が異様に高く、スクリューや舵も大きく滑稽ともいえる姿だが、これは**750型艀という大型の艀と合体することで、はじめて一隻の石油タンカーとなる構造だから**だ。750型艀など、押し船に押される艀には、押し船の船首が収まるだけの凹みがある。そこで押し船と艀が連結されるのである。

目立たないながらも、着実に仕事をこなすその姿は、まさに縁の下の力持ち。レガシー級をはじめとするタグボート達は、今日も海で働いているのである。

特殊乗り物
NO.041

大気圧潜水服

【水圧から身を守る鎧】

イギリスほか

　空気の入ったボンベを背負って、海に潜るスキューバダイビング。現在では、趣味のスポーツとして行う人も多い。スキューバダイビングをしたことがなくても、ダイバーたちの姿をテレビなどで一度は見たことがあるはずだ。

　スキューバダイビングは、単にボンベに空気が入っているから水に潜れる、という単純なものではない。水中では身体に水圧がかかるので、ボンベからただ空気を出しただけでは呼吸することはできない。**水圧に負けないくらい高圧をかけて呼吸をしている**のである。そのため、深いところから海面に急浮上した際に、圧力から解放された気体が膨らみ、肺の破裂など、様々な障害は引き起こされるのである。

　沈没船の引き上げや、海底施設の建設などで人間が深海に潜水するには、このような制約のない、**地上とおなじ1気圧のまま潜れる潜水服が必要**だった。

　それには潜水服自体を鎧のように頑丈に作り、水圧に耐える必要がある。

　そうしたことはすでに18世紀頃には知られていたが、当時の技術では要求に応えられる潜水服を作ることはできなかった。**実用に足るものが完成したのは20世紀初め頃**である。

［潜水服　DATA］【開発】20世紀初頭　【乗員数】１名

初期の頃の大気圧潜水服はオモチャのロボットのような外見で、一応人間型をしているが関節もあまり曲がらなかった。ほとんど歩行もできないので、機種によっては下半身の関節をなくし、足の部分は超小型の潜水艇の様にして、**船と同じ様にスクリューで移動する**ものも作られた。

現在、大気圧潜水服のイメージとして多くの人が思い浮かべるのは、イギリスの**ジムスーツ**だろう。

ジムスーツは金属製の継ぎ手と、くの字に曲がった腕を持ち、その先端に強力なマジックハンドが装着されている。映画『００７　ユア・アイズ・オンリー』にも登場したのでご存知の方も多いだろう。

現在も様々な大気圧潜水服が作られ、深海で活躍している。

【乗り物よもやま話2】

SFから現実へ「軌道エレベーター」

現在の宇宙開発において、最大の問題は機材の打ち上げにロケットが必要で、多額の費用がかかる点にある。ある試算によると、1キロの荷物を宇宙に送るのに215万円かかるという。生命維持装置込みで人間1人に数十億円かかってしまう。これが、技術が進んでも一般人が宇宙に行けない理由である。

これを覆す有効な方法と考えられているのが軌道エレベーターである。これは静止衛星からケーブルを垂らし、これにエレベーターをつけて上り下りしようという構想だ。原理はいたって簡単だが、実現には高いハードルがある。なにしろ、静止衛星があるのは地球の上空3万6000キロ。反対側にも重りが必要なため、ケーブル全体の長さは9万キロを超えるとみられる。これほどの長さになると並みの材料では自重でちぎれてしまう。現在有力視されているのはカーボンナノチューブと呼ばれる素材だが、大量生産の方法が確立されていない上、分子レベルでの品質管理が必要とも言われており、現状では実現は難しいようである。

ただ、一度エレベーターが完成してしまえば、打ち上げも大気圏再突入も不要で一般人も船に乗るように宇宙船に乗れるという、まさにSFの物語通りの宇宙時代が到来することになる。そのため、困難な研究でありながら、世界中で科学者が奮闘しているのである。

【第三章】
常識を超えた巨大な乗り物

特殊乗り物 NO.042

【世界最大の「空飛ぶお尻」】エアランダー10

本書でも何度か指摘しているが、飛行機、飛行船、ヘリコプターにはそれぞれ得手不得手があり、それぞれの特性にあわせた仕事をさせるのが普通である。しかし、それでは能力的に足りない場面も出てくる。

そこで考案されたのが、複数の航空機の特徴を併せ持った**ハイブリッド航空機**である。これにはパイアセッキ・ヘリスタットのような失敗作もあったが、理論自体は間違っているわけではなく、その後も研究は続いていた。

そんな中、アメリカでは**軍事用に飛行船を見直そう**という空気が生じる。飛行船の上空に留まり続けられる能力を使って、**地上を監視する情報収集機**にしようというのである。

そこでアメリカ軍向けに、ハイブリッド飛行船が開発された。当初は秘密兵器扱いで、初飛行は機密だった。しかし、アメリカで軍事費削減が行なわれたことによって軍がこのハイブリット飛行船に関心をなくし、**開発が中断**してしまう。

そこで、開発元のＨＡＶはクラウドファンディングで資金を集め、イギリス政府も出資、あらためて飛行試験に入ることになる。

[エアランダー10　DATA]【開発】2016年　【全長】92m　【全幅】43.5m　【総重量】20t　【最高速度】148km/h　【乗員数】2名以上

ここで軍事用から商業用に転用された試作機が**「エアランダー10」**である。

エアランダー10は325馬力のエンジン4発を持ち、普通の飛行船のように浮力だけで浮くのではなく、飛行機のように推進することで揚力を発生させる。プロペラを上向きにすれば垂直離陸も可能だ。

全長92メートルに達する世界最大の航空機で、有人型で5日間、無人にすれば2週間の連続飛行が可能、10トンの荷物を積んで時速148キロで巡航できる性能を持っていた。その独特の形状から**「空飛ぶお尻」**という愛称がついている。

新型航空機としては悪くない性能を持っていたが、2016年8月、着陸に失敗する事故を起こしてしまい、試験は再び中断されている。

特殊乗り物
NO.043

【理論だけが飛び続ける未来機】

エキップ

ソ連

1930年代、ルーマニアの発明家**アンリ・コアンダ**は、物体の表面を流れる空気は、その物体に引き寄せられようとする性質があることを発見する。これは後に**「コアンダ効果」**と呼ばれるようになり、飛行機の設計に欠かせない知識となった。

それから50年以上がたった1980年代、アメリカをはじめとする西側諸国が先進的な航空機の研究をしていた頃、ソ連のサラトフ航空機工場もまた、**実に奇っ怪な航空機の研究**を行っていた。

ソ連では国威発揚を兼ねているせいか、**巨大な乗り物を作りたがる傾向**にあったが、この**「EKIP（エキップ）」**も最終目標は壮大だった。

エキップは一見枕か丸餅のような奇妙な姿をしている。この丸みを帯びた機体の後部表面から空気を噴出して機体表面を流れる気流を整え、コアンダ効果で引き寄せられた気流を機体にまとわせることで、**あたかも機体全体が巨大な翼になったかのように機能する**というものであった。また、機体自体が膨らんだ形状をしているため、胴体の細い通常の旅客機と違い、機関部と操縦席以外の機体の内部すべてを客席にすることができた。**計画上の最大収容**

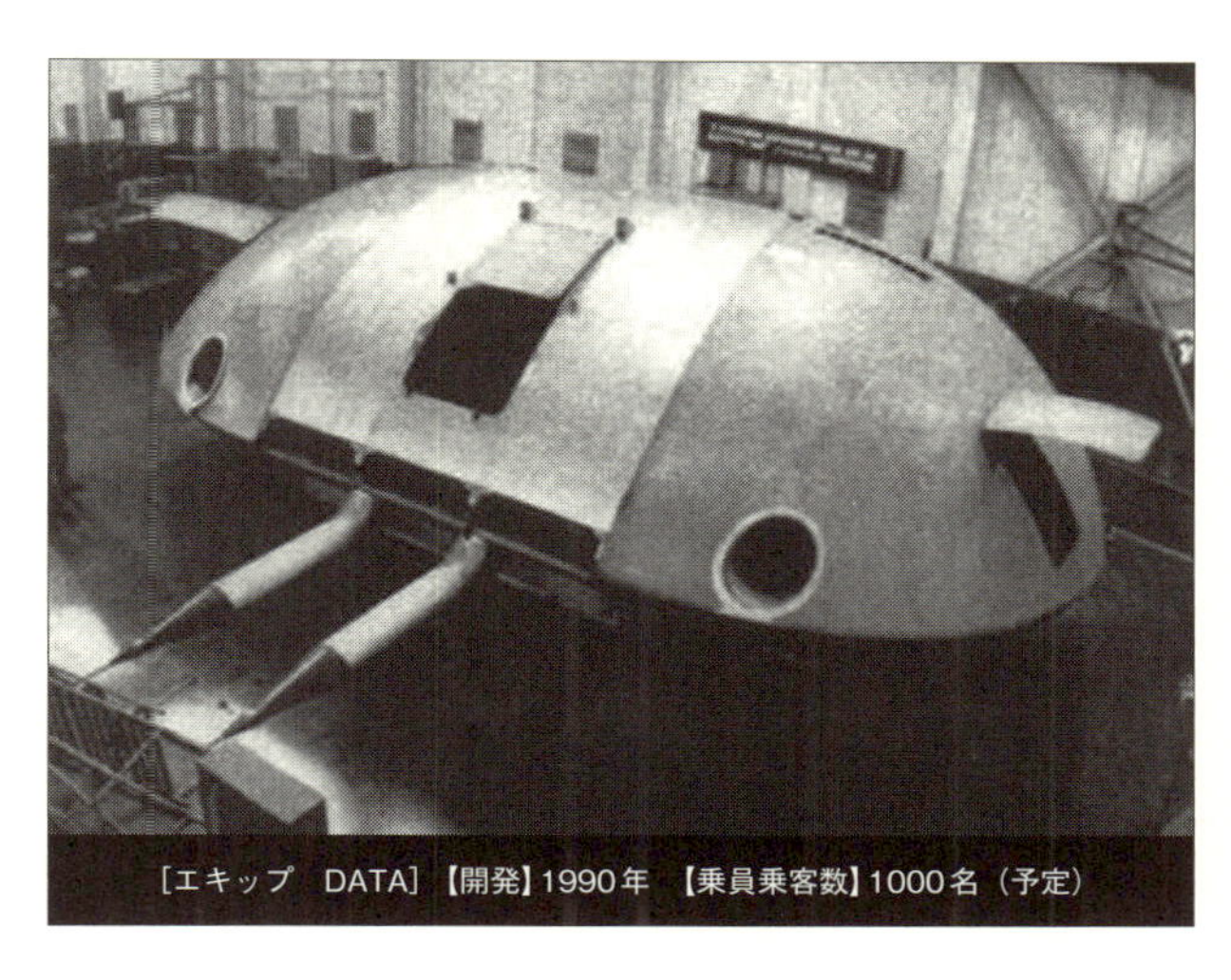

［エキップ　DATA］【開発】1990年　【乗員乗客数】1000名（予定）

人数は1000人以上。2003年から運用が始まった2階建て旅客機・エアバスA380の座席数が約540（標準時）なので、その巨大さが想像できるだろう。

エキップは**離着陸にホバークラフトのようなエアクッションを使う計画**で、飛行場だけでなく、草原や水上でも離着陸（水）可能とされた。少なくとも模型、おそらくはごく小さな試作機も飛行に成功したと伝えられているが、**ソ連崩壊とともにエキップ計画も中断**してしまった。

当時製作された模型などは、今のところ展示されたまま放置されているようである。その可能性に**興味を示したアメリカ軍が研究に協力を申し出た**、という報道もあったようだが、以降にどうなったかわからない。

特殊乗り物 NO.044

【線路なき貨物列車】

TC-497オーバーランドトレイン

アメリカ

大量の貨物を一度に輸送するには、**鉄道が最適**である。

鉄道は運べる重さに対して必要なエネルギーが少なくてすみ、特にアメリカのような広大な国土を持つ国では、**一つの編成で長さが2キロ**という貨物列車も珍しくない。

当たり前のことではあるが、列車を運行するにはまずレールを敷かなくてはならない。だが、アラスカの凍った荒れ地や広大な砂漠などにおいそれと簡単に線路が引けるわけではない。木を切り倒し、岩をどかし、地面を平坦にならさなければならないのだ。しかも人里離れているため、大勢の作業員の衣食住まですべて自前で賄わなければならない。

1950年代、石油採掘会社ローワンの子会社ルトアノ・カンパニーは、**線路を引くことなく大量輸送を可能にする巨大なオフロード車**の開発を始める。

その計画に軍も注目し、いくつかの試作機を経て作られたのが**「TC・497オーバーランドトレイン」**である。

「TC・497」はガスタービンエンジンで発電機を回し、電動モーターで走る。各トレーラーにもそれぞれモーターが搭載されていて、道無き道でも押し進むことができた。各車そ

[TC-497　DATA] 【開発】1958年　【全長】183m　【航続距離】640km

れぞれ操舵できるため、長大な車体にもかかわらず、かなり小回りが利いた。

　このトレーラーは未開の地を進むことが前提で造られているため、内部には**寝室や トイレ、調理室**も設けられており、**発電用の車両を追加することもできた**。周囲の様子を確認するための小型レーダーまで装備していたという。

　その輸送力はかなりのもので、**150トンの荷物を積んで640キロを走破可能**で、燃料トレーラーを編成に加えれば、さらに航続距離を伸ばすことができた。

　だが、このオフロードの列車はついに使われることはなかった。**スカイクレーン**と呼ばれる**重量物搬送用のヘリが登場**したことで、速度が遅いTC・497は無用の長物になってしまったのである。

特殊乗り物 NO.045

【無駄か省エネか、巨大珍機関車】

チェサピーク&オハイオM・1機関車

アメリカ

鉄道で客車を牽引する機関車は、元々は蒸気機関車そのものに車輪を付けたような蒸気機関車だった。しかし、蒸気機関車は運用に手間がかかるのが欠点で、徐々に他の動力で走る機関車に置き換えられていった。

戦後、アメリカでは、蒸気機関の替わりにディーゼルエンジンを備え、ディーゼルエンジンで発電機を回し、発電した電気で強力なモーターを回して走る**「ディーゼル・エレクトリック機関車」**が主流になっていた。

しかし、アメリカの鉄道会社チェサピーク&オハイオ鉄道は、石炭を捨て、燃料を石油に一本化することを危惧していた。当時、アメリカでは**「石油はあと数十年で枯渇する」**という石油枯渇説がまことしやかに囁かれていた。エネルギー源を石油に切り替えるのは不安だったのである。

そこでチェサピーク&オハイオは石炭を燃料にしながらも、現代に通用する高い性能の機関車を機関車メーカーのボールドウィン・ロコモティブワークスに発注する。そうして完成したのが**「M・1型機関車」**である。

［チェサピーク＆オハイオ M-1機関車 DATA］ 【開発】1947年 【全長】46.96 m 【重量】388.7トン 【最高速度】160km/h

Ｍ・１は蒸気機関車とディーゼル・エレクトリック機関車を合体させたようなもので、ボイラーで石炭を燃やし、水を熱して高圧水蒸気を作り、その高圧水蒸気を蒸気タービンに送り込んで回転させ、その回転力で発電機を回して、その電力でモーターを駆動するという**ややこしい仕組み**だった。石炭を積み、載せる装置もやたら多いため、**機関車部分だけで全長47メートル**に達した。これは新幹線の先頭車両の２倍近い長さである。

構造はややこしいがパワーは本物で、**最大6000馬力で時速160キロ**を出したという。しかし、ややこしい機関構成のせいか、**使用に堪えないほど故障が多発**。結局、**Ｍ・１は実用化されることもなく、解体**されてしまったのである。

特殊乗り物 NO.046

【世界一のっぽな壊し屋】コベルコ SK3500D大型解体機

日本

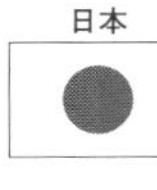

　コンクリートで作られた頑丈なビルであっても、いつかは耐用年数が過ぎて解体される日がやってくる。

　アメリカなどでは、ダイナマイトを用いて計算通りに建物を破壊する爆破解体が広く行われている。だが、日本の場合は古いビルの隣に新しいビルがあるなど、建物が密集しているため、おいそれと爆破して解体するというわけにはいかない。

　そこで登場するのが、**パワーショベルに圧砕用のアタッチメントを装着した「解体機」**である。この解体機を使ってバキバキと建物を砕き、敷地からその破片を持ち出せば、大きなビルが建っていたのがウソのように更地にすることができる。パワーショベルの腕（ブーム）はかなり長いので、ちょっとした建物ならば簡単に破壊することが可能だ。

　しかし、高層ビルになると解体はとたんに難しくなる。

　そもそもビルが高いとブームが上まで届かない。場合によってはクレーンで解体機をビルの屋上まで吊り上げるといったことをせねばならなかった。日本の建機メーカーの**コベルコ**は、大型建物の解体を行っている**株式会社ナベカヰ**と共同で、かなりの高さのビルであっても地上から解体できる新型解体機の開発を進める。

そうして完成したのが、**「SK3500D」**である。SK3500Dはクローラクレーン用の車体に超ロングブームを取り付けた解体機で、通常の解体専用機が9階建てのビル（高さ21メートルほど）までしか届かないのに対し、**SK3500Dは実に21階建てのビル（高さ65メートル）まで解体**できてしまう。粉塵をまき散らさないよう先端から散水する機能も備えており、輸送時には分解できるなど運びやすさも配慮されている。

実に高性能な解体機だが、**新車で買うと10億円**。お値段もハイクラスである。

アームを伸ばしたSK3500D

[コベルコ SK3500D　DATA]【開発】2005年　【最大作業高さ】65.03ｍ　【重量】327.7ｔ　【走行速度】1.1km/h　【乗員数】1名　（写真提供：時事通信）

特殊乗り物
NO.047
【世界最大の重機】
バガー293

ドイツ

鉱山で鉱物資源を掘り出す方法はいくつかある。

坑道を掘る方法や鉱山表面を爆破してしまう方法など、掘りたい資源の性質によってその方法は様々だが、そのような採掘法の一つに、**「バケットホイールエクスカベーター」**を使う方法がある。

バケットホイールエクスカベーターとは、**露天掘りされている鉱山の、露出している鉱物を一気に削り取って採取**するための機械で、大まかには自走のための履帯、長いアームとその先端についているホイール、アームの中を通っている鉱物を運ぶためのベルトコンベアーからなる。ホイールにはバケットと呼ばれるツメがついた容器が取り付けられており、アームを採掘したい場所に向け、回転するホイールを表土に押し付けて削りとる。そうして出た土砂をバケットに入れて、その採取した土砂をベルトコンベアーに乗せて収集、集めた土砂から鉱物を取り出すのである。

このバケットホイールエクスカベーターの中でももっとも巨大なマシンが、ドイツで作られた**「バガー293」**である。

［バガー293　DATA］【開発】1995年　【全長】225ｍ　【重量】14200ｔ　【最高速度】10m/min　【乗員数】5名　※画像（手前）は同型機のバガー288

その大きさは、**高さ96メートル、長さ225メートル、重さは1万4200トン**に達する。バガー２９３は現在**「人類史上最大の自走可能な機械」**とされ、**12もの履帯で分速10メートルで走る**ことができる。1日で実に24万トンもの鉱物を採掘可能だという。しかも、これほど巨大なのは２９３だけではなく、兄弟機にあたるバガー２８５、バガー２８７、バガー２８８も負けないほどの大型機械である。

これらの特大バケットホイールエクスカベーターは、現在それぞれ**ドイツの炭鉱で褐炭の採集に従事**している。もともとドイツで大量にとれる、燃料用の褐炭の大規模採掘のために開発されたもので、掘り出された褐炭は鉄道で火力発電所へと運ばれるのである。

特殊乗り物
NO.048
【空の豪華客船ついに飛ばず】
カプロニCa・60
イタリア

現代では世界各地を旅客機が結んでおり、その気になれば一般人でも世界一周をするのは夢ではない。しかし、飛行機が実用化し始めたばかりの20世紀初頭においては、まともに飛行する大型機を製造するのも大変であった。

イタリアの航空機メーカー、カプロニ社の創業者**ジョヴァンニ・カプロニ**は、爆撃機から旅客機まであありとあらゆる飛行機を設計したが、特によく知られている機体の一つが**「Ca・60」**である。

カプロニは「**100名の乗客を乗せて大西洋を横断できる大型旅客機**」を実現させるため、巨人飛行艇Ca・60の製作を始める。その設計は極めて奇妙で、電車型の巨大な胴体に客席を設け、その胴体の前、真ん中、後ろに三葉の巨大な主翼をそれぞれ取り付けていた。**いわば九葉機である**。あまりにも不思議な姿であり、遠目から見ると**大きな温泉ホテルの渡り廊下**のようにも見える。

その巨体を浮かびあがらせるために400馬力エンジンを8発も搭載し、2発で前後のプロペラを回す機関部を4箇所に設置していた。

［カプロニ Ca・60　DATA］【開発】1921年　【全長】23.45ｍ　【全幅】30ｍ　【重量】26トン　【最高速度】130km/h　【乗員乗客数】108名

この機体は宮崎駿監督のアニメ映画『風立ちぬ』にも**「カプローニさん」が作った巨人機として登場**している。

実際の機体の運命もまた、このアニメ映画で描かれていた通りで、1921年に試験飛行が行われたが、**約18メートル飛び上がったところで突如墜落**、操縦手は脱出に成功したものの、**機体は大破した上に炎上**して失われてしまった。

ちなみに映画では墜落時、カプロニは記録係のカメラマンからカメラを取り上げていたが（原作の漫画でも「写真をとるな！」とどなっている）、実際はどうだったかというと、映像で関係者を集めて楽しく披露しているシーンは残っているが、肝心の試験飛行での**事故の瞬間の映像は残っていない**そうである。

特殊乗り物
NO.049

ツェッペリン飛行船

【威風堂々　空の貴族】

ドイツ

フェルディナント・フォン・ツェッペリン伯爵はプロイセン王国時代の裕福な貴族で、将校でもあった。ツェッペリン伯爵は従軍中に体験した気球に触発され、気球よりも自由に空を航行できる飛行船の開発を夢見るようになる。ツェッペリン伯爵が構想していたのは、金属製の骨組みにガス嚢をいくつも並べて外皮でおおった、いわゆる**硬式飛行船**である。船体の形状が変形しにくく、ガスを分散して配置できる硬式飛行船は大型化するのに向いており、貨客船や軍艦などさまざまな用途に使える可能性がある。

だが、**世界初の巨大硬式飛行船は難産**だった。私財を投じて飛行船会社を作ったツェッペリン伯爵だが、1号機LZ1の試験と改良をくり返しているうちに資金が底をつき、**会社解散の憂き目に遭う**。しかし、それでも飛行船の開発を諦めず、その狂気ともいえる情熱にツェッペリン伯爵は**「狂人伯爵」**とのあだ名を付けられるほどだった。

伯爵はなんとか資金をかき集めて2号機LZ2を作り上げるが、LZ2は完成後すぐに嵐で破壊されてしまった。ツェッペリン伯爵はそれでもめげることなく試作機を作り続け、4号機LZ4になって性能が安定、長距離飛行も可能になる。結局、そのLZ4も事故で失わ

[LZ129ヒンデンブルク号　DATA]【開発】1936年　【全長】245m　【最高速度】135km/h　【乗員乗客数】90～133名

れたが、実績を認められ**「ツェッペリン飛行船有限会社」**の設立にこぎ着けた。

以降、ツェッペリン飛行船会社は爆撃用や貨客用の飛行船をいくつも建造している。ツェッペリン伯爵の死後に、その栄誉を称えて建造された**「LZ127グラーフ・ツェッペリン号」**は世界一周飛行を行い、1929年8月には**日本の霞ヶ浦にも着陸**している。

しかし、1937年5月6日、アメリカのニュージャージー州レイクハースト海軍飛行場で**「LZ129ヒンデンブルク号」**が爆発炎上。乗員乗客35名が死亡する大事故を起こす。そして、その直後に第二次世界大戦が勃発。飛行船はもはや発達した飛行機相手では爆撃任務にも使えず、**大型飛行船はすべて解体されてしまった**のである。

特殊乗り物 NO.050

【超豪華飛行艇の悲哀】

ドルニエ Do X飛行艇

ドイツ

数々の冒険飛行によって、徐々に飛行機の活動範囲は広まっていった。

しかし、飛行機を交通機関として運用するには、一般の人々が気軽に利用できなければ意味がない。大西洋を越えてヨーロッパからニューヨークにビジネスに行くのに、いちいち新聞に載るような決死の冒険飛行をしている場合ではないのだ。

そこで、旅客を運ぶ**旅客機のニーズが高まってくる**のだが、当時の航空機製造技術では大型旅客機を製造するのは難しく、24名しか運べない機体でさえ大型旅客機とされていたほどだった。

そんな中、ドイツの航空機メーカーである**ドルニエ社**が、これまでにない飛行艇の設計を始める。それが**「ドルニエDo X」**である。ドルニエDo Xの乗客数は、**従来の大型機の倍以上の66名**。コンセプトはラグジュアリーな空の旅を満喫できる**空飛ぶ豪華客船**だった。

そのコンセプト通り、Do Xは大富豪が乗る豪華ヨットに翼をつけたような構造をしており、客席の他に**バーやラウンジ**が設けられており、乗客はそこでおしゃべりを楽しみながら飲み物を飲むことができた。機内はゆったりした作りで、詰め込めば**150名以上乗れる**

[ドルニエ DoX DATA]【開発】1929年 【全長】40m 【全幅】48m 【重量】28 t
【最高速変】211km/h 【乗員数】70 ～ 100名

余裕があったという。

しかし、その**豪華設備を空に浮かべるのは一大事**で、波のかからない主翼の上に2発セットのエンジンを6基、すなわち12発ものエンジンを積んで、**なんとか機体を持ち上げる**というありさまだった。乗客がウイットに富んだ会話を楽しんでいる頃、航空機関士は必死にエンジンの調整をしていたそうである。

だが、**それでもパワー不足は明らかで**、速度は時速170キロほどだった。デモンストレーションとしてヨーロッパからアメリカまで大西洋沿岸の国を一巡りする旅を実施したが、**事故と遅延をくり返し、名声を高めるどころか逆に遅さと信頼性の低さを露呈**する。そうして空飛ぶ豪華客船は、ほとんど飛ぶことなく姿を消したのである。

特殊乗り物 NO.051

【大活躍した空飛ぶバナナ】

パイアセッキPV-3

第二次大戦時、ドイツではフォッケ博士が世界初の輸送ヘリ**「ドラッヘ」**を、アントン・フレットナーが**特殊な交差反転ローター**（p68「カマン K-MAX」参照）を研究していた頃、アメリカではまた別の奇才が回転翼機の研究に没頭していた。彼の名は**フランク・パイアセッキ**。垂直離着陸機の研究者で、後に数々の、良く言えば斬新で先進的な、悪く言えば変態的な機体をいくつも生み出すことになる人物である。

そのパイアセッキが1945年に生み出したのが、**「パイアセッキ PV-3ヘリコプター」**である。PV-3は現代の大型輸送ヘリの直系の始祖にあたり、**前後にローターを配したタンデム・ローター**という構造は現在ではおなじみである。

オートジャイロから始まったフォッケ博士のドラッヘがオートジャイロのイメージを残しているのに対し、パイアセッキのPV-3はなんとも奇妙な姿をしている。PV-3は前後のローターがぶつからないようにするため、胴体をくの字に曲げてローター基部の高さをずらしている。

そのため、その姿は**どう見てもバナナ**であり、政府機関は採用時の名称であるHRP-1

アメリカ

Piasecki Aircraft 社の HP より

［パイアセッキ PV-3　DATA］【開発】1945年　【全長】16.46ｍ　【ローター径】12.5ｍ　【重量】2.4 t　【最高速度】169km/h　【乗員数】２名（輸送可能人員８名）

から「ハープ（竪琴）」と呼んでほしかったようだが、現場ではすぐに**「フライング・バナナ（空飛ぶバナナ）」**という愛称が付けられる。胴体も細い鋼管の骨組みに羽布（密に織った麻布）を張った構造であり、質感もなんとなくバナナっぽかった。

ＰＶ‐３は見た目はともかく**完成度は高かった**。そこで改良型が海軍や沿岸警備隊に採用され、**救難ヘリとして大活躍**したのである。

その後、パイアセッキはＰＶ‐３を開発したパイアセッキ・ヘリコプター社を離れて、独自に**パイアセッキ・エアクラフト社**を立ち上げる。パイアセッキ・ヘリコプター社はその後、ボーイング社に吸収され、**チヌーク**、**オスプレイ**などの機体を製造している。

特殊乗り物
NO.052

【飛行船にヘリを足した結末】
パイアセッキ・ヘリスタット

アメリカ

速度は出るが原理上遅く飛ぶのが難しい飛行機、空中停止はできるが燃費が悪いヘリコプター、長時間空中に留まれるが機動性の低い飛行船、それぞれの航空機には一長一短がある。１９８０年頃、航空機の一つの姿として**「ハイブリッド航空機」**という概念が注目を集めていた。

速度は遅くてもよいので、そのかわり巨大な機体をできるだけ軽量に作り、大量の荷物を搭載して一気に輸送する。そのために胴体は飛行船で、飛行機のような主翼を持ち、機種によってはヘリのようなローターで揚力を増すというものである。

つまり、**もともと浮かぶ性質のある飛行船に、飛行機の翼とヘリのローターをつけて、重量物を輸送してやろう**というわけである。

ハイブリッド航空機は各所で研究されていたが、もちろん、大型輸送ヘリの生みの親、**フランク・パイアセッキ**もこの流行に乗らないわけにいかない。

パイアセッキの出したアイデアが、**飛行船とヘリのハイブリッド航空機**である。

このアイデアがうまく行けば、ヘリのように軽快で、飛行船のように低燃費の機体になる

[パイアセッキ・ヘリスタット DATA]【開発】1986年【全長】104m【乗員数】1名

はずだった。

パイアセッキはまず、新規開発する必要のない中古の部品で実験機を作り、試験してみることにした。そこで作られたのが、**「パイアセッキPA・97ヘリスタット」**である。これはアメリカ海軍の中古の飛行船に金属製の複雑な構造の骨組みを取り付け、その骨組みの四方の先端に尾部を切り落とした4機の中古ヘリをくっつけただけという、**少々安直な構造の機体**だった。

1986年、ヘリスタットの試験は、かつてヒンデンブルク号が爆発炎上したレイクハーストで行われた。そのせいというわけでもあるまいが、ヘリスタットは**空中で機体が崩壊して墜落、死者を出す大惨事**となってしまう。結局、ヘリスタットが実用化されることはなかった。

特殊乗り物
NO.053

【大富豪、本気の道楽】
H・4ハーキュリーズ

アメリカ

1920年代から40年代にかけて、ひとりの青年がアメリカ史を駆け抜けた。彼の名は**ハワード・ヒューズ**。石油採掘用ドリルの販売で莫大な財産を築いた父の死によって、途方もない額の遺産を相続し、**そのすべてを自分の夢のために費やした男**である。

ハワードは父から受け継いだ会社の経営はそっちのけで、幼い頃から夢中だった映画の製作と飛行機にのめり込んだ。なにしろ、**戦争映画を撮るために本物の戦闘機を買い集めた**というのだから、桁違いである。また、航空機の開発製造を行う**ヒューズ・エアクラフト社**を設立、これはビジネスというより、空への夢に生きた男の、**趣味の会社**とでも言うべきものだった。

第二次大戦が始まると、同盟国イギリスへの物資の海上輸出がナチスドイツのUボートに阻まれるようになる。これに対抗するため、大型飛行艇による物資の空輸が検討され、そして、この話がハワードの元へと持ち込まれるのである。夢に生きる男ハワードにとって、「大型飛行艇」とは**「世界一の大型飛行艇」**でなくてはならなかった。

そのため、この**「H・4ハーキュリーズ」**は全長66・7メートル、全幅97・5メートル

[H-4ハーキュリーズ　DATA]【開発】1947年　【全長】66.65m　【全幅】97.51m
【重量】113.4t　【巡航速度】377km/h　【乗員数】3名

と、**機体の幅なら現代のジャンボ機より30メートル近くも長い**という、とんでもない巨人機だった。3000馬力のエンジンを8発も積んでおり、まさに世界最大の飛行艇だった。しかし、この怪物を省資源の観点から木製機としたことから開発は難航。**ついに戦争に間に合わなかった。**

初飛行は1947年にずれ込み、ハワード自ら操縦桿を握ったが、**わずかに離水したのみ**で、H‐4はこれ以後飛ぶことはなかった。もはや受注、量産の見込みもなく、問題点を洗い出す意味もなかったのである。だが、ハワードはこの機体に愛着を持っていたようで、**役立たずのデカ物だったが解体したりはしなかった。**

現在では、博物館にて静かに余生を過ごしている。

特殊乗り物
NO.054

【何でも運ぶ巨人機】
スーパーグッピー

アメリカ

アポロ計画などの宇宙計画が進むと、当然のことながら**ロケットの部品を輸送**する必要が出てきた。計画を進めるのはＮＡＳＡだったとしても、ロケットの生産自体はボーイングなどの民間企業が行っているので、各地の工場で組み上がったパーツを輸送し、発射施設にある組立棟に運ばなければならないのだ。

燃料の入っていないロケットはさして重くはなかったが、**とにかく容積をとるため普通の貨物機では運べなかった**。そこで、エアロスペースライン社がＮＡＳＡの依頼を受けて、プロペラ旅客機ボーイング３７７を改造し、巨大な貨物室を載せた**「プレグナント・グッピー」**を開発。その後、１９６５年にプレグナント・グッピーの貨物室をさらに巨大化させて、エンジンもレシプロエンジンからターボプロップエンジンに強化した**「スーパーグッピー」**を完成させる。

スーパーグッピーの特徴は、写真を見れば一目瞭然、**巨大な荷物を搭載して輸送できることである**。ロケットの部品だけでなく、旅客機の部品も輸送可能で、小型機ならば写真のようにそのまま積み込むこともできてしまう。

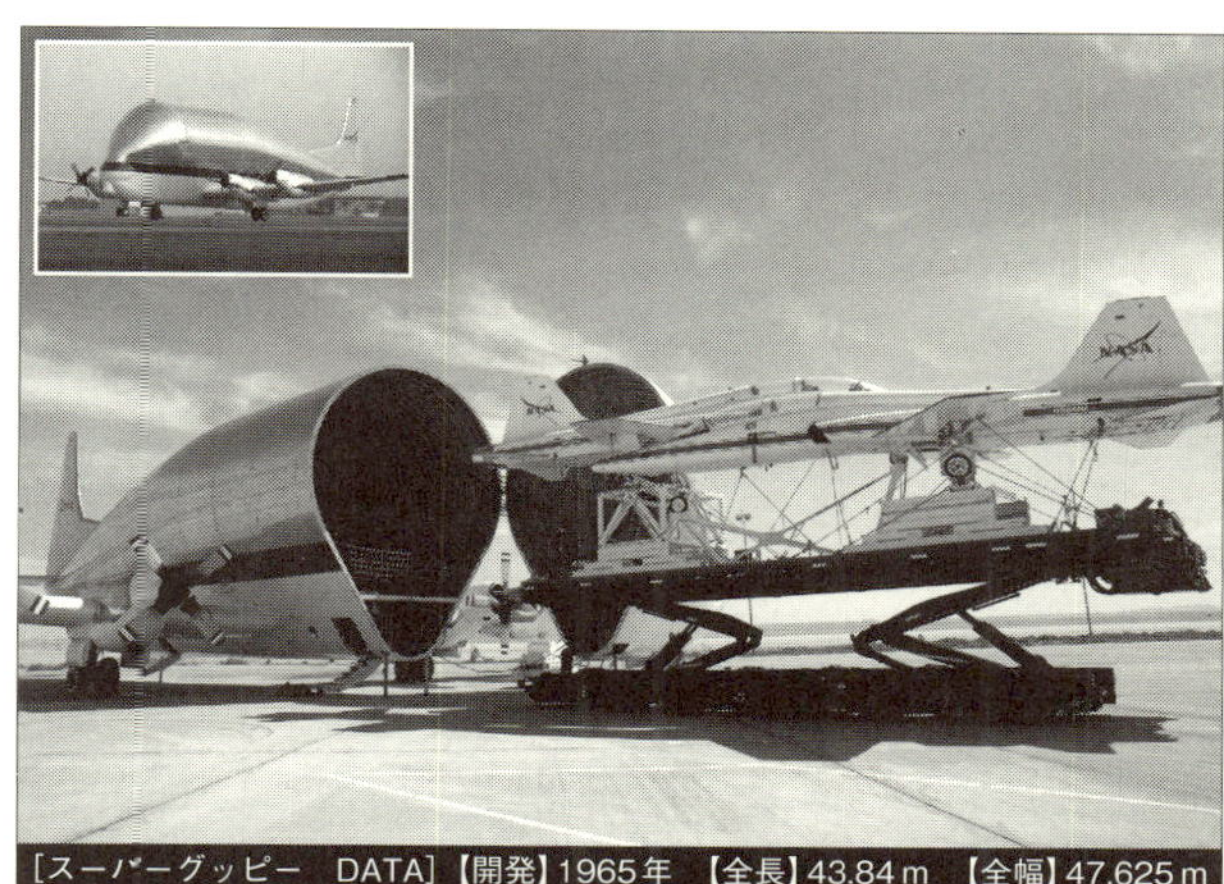

[スーパーグッピー　DATA]【開発】1965年　【全長】43.84m　【全幅】47.625m
【重量】46 t　【最高速度】463km/h　【乗員数】4名

当時新興勢力だった欧州共同出資のエアバス社は、各国が作業分担することが前提の会社であり、旅客機のパーツを組立工場に輸送する手段が必要だった。

そのため、エアバス社はライバルとして対立するボーイング社の機体の改造版にも関わらず、**スーパーグッピーを購入**する。エアバスの現場ではこの機体は愛されたが外部からはずいぶん揶揄されたようである。この奇妙な状態はエアバスが同様の貨物機**「ベルーガ」を完成させるまで続いた**。

スーパーグッピーは現在ではかなりの旧式機になってはいるが、小型ジェット機から宇宙ステーションの部材まで何でも運べるため、その使い勝手からＮＡＳＡに大変重宝されており、**各種荷物の輸送に現在も使われている**。

特殊乗り物
NO.055

ノック・ネヴィス

【改名を繰り返した世界最大の船】

ノルウェー

石油はどの国にとっても欠かせない資源であり、産油国から輸出する際には石油輸送専用の石油タンカーが使われる。そのタンカーも小さい船で何往復もするより、思い切って**大きな船を造ってそれで一気に運んだ方が経済的**である。

たとえば、日本石油が70年代に就航させた**日精丸**は、全長が378メートルもあり、当時世界最大だった。日精丸は、昔の子供向けの船の図鑑には必ず取り上げられた有名な船であり、日本の工業化の象徴だった。

しかし、この日精丸でさえ、今となっては世界最大とはほど遠い。

石油タンカーの歴史上、いや、人類の全船舶の歴史上でも最大の巨大船はノルウェー船籍の石油タンカー**「ノック・ネヴィス」**である。その全長は**実に458メートル**に及び、**巨大空母エンタープライズよりさらに100メートル以上長い**という代物で、**一度に輸送できる石油は実に約56万トン**に達した。

ノック・ネヴィスはギリシャの会社の発注で日本で建造されたが、不具合から受け取りを拒否され、香港企業に売却される。後に再び日本で改造工事を施されて、世界最大の船に

「Auke Visser's International Super Tankers」より

［ノック・ネヴィス　DATA］【開発】1979年　【全長】458.45ｍ　【全幅】68.8ｍ
【総重量】646642ｔ　【最高速度】16ノット

なっている。

このときは**「シーワイズ・ジャイアント」**という名で就役し、石油の輸送に活躍するも、思わぬ被害を受ける。１９８８年５月、中東のホルムズ海峡でイラン・イラク戦争に巻き込まれ、**エグゾセ対艦ミサイルが命中し沈没**してしまった。

その後、船体の回収に成功し、修理した後、売却によって幾多もの会社の間を渡り歩き、名前も**「ハッピー・ジャイアント」**、**「ヤーレ・バイキング」**と改名をくり返した。

最終的にペルシャ湾で、**海上の石油備蓄基地**としての居場所を見つけ、名も**「ノック・ネヴィス」**とされた。

２００９年には、解体業者に引き渡され「モント」と命名、解体される最後の旅に出発し、**２０１０年に解体**されている。

特殊乗り物
NO.056

【伝説の豪華客船】
巨大客船ノルマンディー

フランス

　旅客機に乗れば容易く海外に行ける現代と異なり、戦前の海外渡航と言えば、船に乗って何日もかけて海を渡るしかなかった。
　何の娯楽もなく、船酔いにさらされながら狭苦しく閉鎖された船内で過ごすのはあまりに苦痛であったため、やがてお金のある富裕層向けに、**船上でも楽しくすごせる豪華な設備を持つ「豪華客船」**が建造されるようになる。そして先進国は威信をかけて、より贅沢な客船の建造に力を注ぐようになるのである。
　フランスの**CGT社**も、世界でも空前の大豪華客船の建造を決め、これにフランス政府も援助を行い、国家の威信をかけた**「豪華客船ノルマンディー」**が建造された。
　ノルマンディーは**全長が313メートル**と、**戦艦大和より50メートルも大きい**という巨大船である。そこまで巨大だと動力源にも工夫が必要で、結局、蒸気タービンで大型の発電機を回し、**長さ約8メートルの巨大モーター4基を回転させてスクリューを回す**という構造にした。それはほとんど自前の火力発電所を載せているような物で、その出力は16万馬力に達した。

[ノルマンディー　DATA]【開発】1932年　【全長】313.8ｍ　【容積】83423ｔ（総トン数）【最高速度】32ノット　【乗員乗客数】1345名

外見の美しさにも細心の注意を払っており、本来2本煙突の船なのだが、均整のとれた外観にするため、換気設備を煙突とおなじデザインにし、**外見上は3本煙突**の船となった。そのため航行中の写真を見ると、後部の煙突からは煙が出ていない。

もちろん内装は宮殿のようで、家具調度品は一流、有り余るスペースを贅沢に使い、劇場にプールまで備えていた。また、**障害物検出用のレーダーを備えたハイテク船**でもあった。

しかし、ノルマンディーは短命に終わる。第二次大戦の戦火を逃れアメリカに渡るも、そこでアメリカ軍に接収され、**輸送船への改装作業中に火災が発生**。儚くも失われている。ノルマンディーが実際に就航していたのは、**わずか4年ほどだった**。

特殊乗り物
NO.057

【不運にとりつかれた船】巨大蒸気船グレート・イースタン

イギリス

技術の発達した現在では、大型船を走らせる動力にはいくつかの選択肢がある。原子力、ディーゼルエンジン、ガスタービンエンジンなどである。しかし、船の動力がまだ蒸気機関しかなかった時代、**大型船を動かすには相応の量の石炭が必要**だった。

1850年頃、船舶の設計技師イザムバード・キングダム・ブルネルは、イギリスからオーストラリアへと向かう航路に、**超巨大な客船を就航させるべき**だと考えていた。

当時の蒸気船では途中で燃料の補給が必要で、その燃料も国外では品質も心配で価格も高くなる。そもそも良質の**石炭の産出国はイギリス本国**なのだ。そこで思い切って巨大な船を作り、イギリスで安くて高品質の石炭を補給が不要なほど大量に積み込んだ方が、経済的だと考えたのである。

こうして作られたのが、当時世界最大の客船**「グレート・イースタン」**である。全長211メートル、重さ1万8000トンという船体は、**当時の大型船の6倍もの大きさ**だった。推進機関には外輪とスクリューの両方を装備し、帆を張るマストを6本も持っていた。

だが、**グレート・イースタンは客船としては成功しなかった。**

［グレート・イースタン DATA］【就役】1859年　【全長】211ｍ　【容積】18915ｔ（総トン数）　【最高速度】14ノット　【乗員乗客数】4000名

進水式で事故を起こしたこともあって、建造費が激増。さらに試運転中に爆発事故を起こし、作業員を死亡させるなどトラブルが続いて、**とうとうブルネルは心労から病死**してしまう。

その後、グレート・イースタンはアジア方面から大西洋航路に仕事場を変えたが、それでも事故が続いた。そもそも大西洋はライバル船も多く、巨大すぎるグレート・イースタンは収容人員が多過ぎるために満員の客を集めることができなかった。結局、航海のたびに赤字を重ねることになり、**ついに船会社が倒産**してしまう。

別会社に買い取られたグレート・イースタンは**ケーブル敷設船に改造される**が、どういうわけか以降は大きな事故もなく、無事に生涯をまっとうした。

特殊乗り物
NO.058

【船を運べる船】

半潜水式重量物運搬船

アメリカ他

船の特徴の一つが、他の乗り物に比べて桁違いに重い荷物でも運べるという点である。空を飛ぶ飛行機や、自重を車輪で支えなければならない車とは違い、単純に大きい船を造れば、その分多くの重い荷物を載せて運ぶことができる。

だが、皆さんはこのような疑問を持ったことはないだろうか。**「事故で沈みかけた船などをもし運ぶとなったら、なにに載せて運ぶのだろうか？」**と。

小型船ならともかく大型艦艇を吊れるクレーンなどないし、単に巨大貨物船を作っても、その上にジャンプして乗るわけでもない。どんなに超巨大な船を建造しても、巨大貨物をその上に乗せる方法がなければ何も運ぶことはできないのである。

そこで考え出されたのが、**半潜水式重量物運搬船**である。

海に浮かんだ大きな船を吊れるクレーンなどない。では、巨大な荷台を持つ運搬船の方が一時的に水没して、その上に荷物である船を移動させた後に、運搬船が浮上すればどうだろうか。相当に大きな船であっても荷台に載せ、長距離を輸送可能になる。**理屈は意外に単純**である。

フリーゲート艦サミュエル・B・ロバーツを載せて航行するマイティ・サーヴァント2

[半潜水式重量物運搬船（マイティ・サーヴァント2)]【就役】1983年【全長】190.03m【最高速度】15ノット【積載可能重量】40190 t【乗員】20名

半潜水式重量物運搬船は普通の貨物船と形状が大きく異なり、通常の船のような船首部分と後部構造物の一部のみが上に突き出しており、この部分は船体を沈めても海上にある。**船体の大部分は平たい荷台**で、ここに他の艦艇などを積むことができるのである。

　このような運搬船の一隻、アメリカの半潜水式重量物運搬船の**「マイティ・サーヴァント2」**は、機雷にふれて航行不能になった**米フリゲート艦「サミュエル・B・ロバーツ」**（長さ138メートル重さ4100トン）を載せて、**ペルシャ湾からアメリカのロードアイランド州ニューポートまで、問題なく運んでみせた。**

　見た目は地味だが、すごい実力を持つ海の上の力持ちである。

特殊乗り物
NO.059

【地底に革命を起した新兵器】
シールドマシン

日本ほか

元来、**トンネル工事は過酷で危険なもの**であった。

ツルハシや削岩機を持った人間が、深い地底で土や岩を砕く。出てきた土砂はベルトコンベアに載せ、坑道の外に捨てていかなければならない。漫画などでは削岩機で簡単に穴が空いたりしているが、重くてブルブルと振動する削岩機を1日中抱えて岩を削るのは、かなり辛い作業である。また、落盤があれば命の保証はない。そんな過酷で危険な現場であった。

1825年、**イギリスのテムズ川の地下にトンネルを掘る工事**が開始され、その時に世界で初めて、画期的な**「シールド工法」**が採用された。

これはトンネルを掘り進めながら同時に内壁を構築していくやり方で、シールドと呼ばれる頑丈な枠に作業員を立たせ、崩落を防ぎながら掘り進めつつ、その後方でレンガの内壁が作られていた。だがそれも人力に頼る物であり、多くの死者を出している。

現在、このシールド工法を実施する際に使われているのが、**一連の工程を機械で行う「シールドマシン」**である。シールドマシンは土を掘るカッターディスクと掘った穴を支える円筒部分、その内部にはトンネルの内壁となるセグメントを運び入れ組み立てたり、土砂

［シールドマシン（東京湾アクアライン掘削時）DATA］【開発】1994年 【直径】14.14m（当時世界最大）【全長】13.5m （写真提供：時事通信）

を運び出す機器類が入っている。

シールドマシンは掘り進めた分だけ土砂を運び出し、運び入れたセグメントを組み上げてトンネル内壁を完成させ、セグメントに固定したジャッキで本体を押し出しながらまた掘り進める。**これらを繰り返すことで、一気に完成したトンネルを出現させてしまう**のである。

現在、このシールドマシンの分野で**特に評価が高いのが日本**だとされており、2016年には東京外環道のトンネル工事のために**直径16・1メートルの国内最大のシールドマシン**が開発されている。

ちなみにシールドマシンはトンネル工事の性質上、工事ごとに特注品が作られる場合が多い。**トンネルが完成した後は廃棄されて一生を終える**という。

特殊乗り物 NO.060

N-1ロケット

【燃え尽きた超巨大ロケット】

ソ連

最初は人工衛星を飛ばすだけだった米ソの宇宙開発競争も、1960年代に入ると、いよいよ**どちらが先に人間を月に送るか**という段階に入っていた。

アメリカに先んじていたソ連は、**「ルナ計画」「ゾンド計画」**という二つの月探査計画を実施する。ルナ計画は無人探査機を月に送り込む計画で、ルナ17号では**無人月面車を月面で活動させることに成功**するなど、すばらしい成果を残した。

また、ゾンド計画では生きたカメをカプセルに乗せ、**月を周回させた後で無事に回収する**ことに成功する。ソ連は月着陸に向けて着々と準備を進めているかのように見えた。

しかし、実はこのときソ連の月面着陸は大いなる危機に直面していた。

その危機というのは、**動力の不足**である。

月に向かい、探検して地球に帰還するには、当然ながら**大型の宇宙船が必要**である。これを着陸船を積み込んで軌道上に打ち上げ、月に向けて飛ばし、月軌道上から今度は地球に向けて飛ばさなければならない。

これらの推進力を確保しようと思えば、ロケットは打ち上げ時には**高層ビル並みのとてつ**

[N-1ロケット DATA] 【開発】1969年 【全長】105m

もない大きさになる。たとえば、後にアメリカがアポロ計画で使用した**サターンVは高さ110メートル**もあり、第一段階のF-1エンジンはそれだけで高さ約6メートルでしかも5基も装備していた。

だが、ソ連ではそのような巨大エンジンを作ることができなかったのだ。

そのため、ソ連の**有人月探査用巨大ロケット「N-1」**では、**30基もの中型エンジンを束にして使用**することになった。

だが、1基でも厄介なロケットエンジンの面倒を30基同時に見るのは不可能で、結局、**試験段階で一度も飛行に成功せずに計画は中止**される。なお、倉庫に放置された予備の大量のエンジンは後にアメリカ企業に買い取られ、**衛星打ち上げロケット**に使われている。

特殊乗り物 NO.061

【大量輸送時代のはじまり】

日野 T11トレーラーバス

日本

敗戦を迎えた日本では、交通機関の不足が問題になっていた。外地からの復員も始まり、復興のためには資材や労働力を速く大量に輸送する手段が必要だったが、その手段がなかった。そもそも当時の日本の道路の多くは狭く未舗装で、単に大型のバスやトラックを作っても、泥濘にハマり、曲がり角で曲がるのも困難という事態が頻発するのは明らかだった。

そこで自動車メーカーの日野は、アメリカの進駐軍の大型車を参考にして、**大型トレーラー「T10」**を完成させる。

T10のエンジンには、戦時中に**装甲車向けに生産されていたエンジン**が使用された。牽引車と荷台が別れた構造になっているトレーラーは巨大なわりに小回りがきき、資材の輸送に大活躍した。このT10を大型バスとして改良したのが**「T11トレーラーバス」**である。

このバスは牽引車であるT11Bと、乗客が乗るT25という荷台部分で構成されており、**通常時で96名、無理やり詰め込めば100名以上が一度に乗車可能**という巨大なバスであった。現在のバスが50～60人乗りで大型バスと見なされることを考えれば、とてつもない輸送

［T11 トレーラーバス　DATA］【開発】1947年　【全長】13ｍ　【重量】4.9ｔ（トラクター）、6.5ｔ（トレーラー）　【乗員数】96名　（写真提供：毎日新聞社）

力である。

Ｔ11トレーラーバスは**当時の日本の粗末な道路事情によく適応**した。当時の道路は狭く、自動車は小回りが利くことが求められたが、Ｔ11はトレーラーの長所を発揮し、小回りを利かせつつ、一度に大量の人員を運ぶという矛盾を見事に解消した。

このＴ11の成功で、同種のトレーラーバスが次々と作られ、日本各地で活躍するようになる。

だが、その運用は決して楽とは言えなかったため、**通常型のバスが増えてくるとトレーラーバスは徐々に活躍の場を失っていく**。そして鉄道と道路が急速に進歩した高度経済成長の頃には、一度に大量輸送できるというメリットを失い、その姿を消すことになった。

【乗り物よもやま話3】

知恵と工夫！　エンジン始動の歴史

スイッチを入れれば回転が始まる電動モーターとちがい、内燃機関や外燃機関は、始動させるのに手間が必要である。特に内燃機関は、最初に外部から力が入らなければ燃焼サイクルが始まらない。現代の自動車ならセルスターターのボタン一つでスターターがエンジンを回転させて始動させることができるが、初期の頃の自動車はクランク棒を機関部に差し入れて、人力でエンジンを回して始動させていた。戦後に発売された自動車でも、今のようにセルスターターや電装関係の性能がよくなる前は、非常用にクランク棒が標準装備されていたそうだ。ただし、このように人力で始動させる場合、シリンダーの内圧で逆回転してきたクランク棒に殴られ、最悪の場合死亡事故も起きるなど、不便な上に危険であるため、現在では使われることはない。

船舶の場合、初期の頃に使われていたのは蒸気の力でピストンを動かす蒸気レシプロエンジンで、いわゆる蒸気船と呼ばれる古典的な汽船である。20世紀になり、高圧の蒸気でタービンを回転させて回転力を得る蒸気タービンが普及してくると、大型艦船は軒並みこの蒸気タービンを使うようになる。かの戦艦大和も蒸気タービンを使用していた。蒸気タービンは信頼性が高く燃料も選ばないが、蒸気機関の宿命として、始動の際まずボイラーで湯を沸か

航空機の大型化に伴い、様々な始動方法が登場。写真はエンジンをかける始動車。

して蒸気圧を高めるところから始めなければならず、完全に停止状態からだと動けるようになるまで半日以上かかった。そのため行動中の軍艦などは、停船していても燃料を消費し湯を沸かしつづけなければならなかった。

また、燃料の他に蒸気の元となる質の良い真水も大量に必要とした。現在では、扱いやすいガスタービンエンジンやディーゼルエンジンが使われるのが普通である。ボイラーの代わりに原子炉を利用したものが原子力船である。

飛行機の場合、載せられる重量に制限があるので、特に力が弱かった初期の飛行機の場合、エンジン始動のための装置まで積むことはできなかった。第一次大戦頃の小型戦闘機などは、シリンダーに混合気を送り込んだ後、手でプロペラを持って回転させることで始動していた。しかし、機体自体が大型化してくると、手で回すのは困難になる。

そのため、第二次大戦頃の戦闘機には、多彩な始動方法が採用されていた。日本陸軍の航空隊がよく使っていたのが始動車である。これは動力付きの継ぎ手を載せた軽トラックで、継ぎ手を戦闘機のプロペラに接続して回転させる機能があった。空母上での運用が多い海軍では、もっぱら機体に内蔵されたエナーシャと呼ばれる装置を使っていた。これはハンドルを回して円盤形のおもり（フライホイール）を高速で回転させ、それをギアを介してプロペラに伝えて始動させるものである。

アメリカなどいくつかの国では、コフマン・エンジンスターターと呼ばれるものが使われていた。これは散弾銃の実包に良く似た装薬を装填し、その爆発力でピストンを押し出し、圧力でスターターを回してエンジンを始動させるもので、必要な装置が軽く小さくてすむ利点があるが、装薬がなくなると始動できない欠点がある。

燃焼一発で始動するレシプロエンジンと違い、ジェットエンジンの場合は始動時に回転数を持続しなければならず、また別の仕組みが必要である。世界初の実用ジェット戦闘機Ｍｅ２６２の場合、翼に取り付けられたエンジンナセルの内部に、ジェットエンジンの他に小型のレシプロエンジンが入っていて、まずこちらを始動した後、その力でジェットエンジンを始動していた。このように補助的に使われるエンジンを補助動力装置ＡＰＵといい、現代の旅客機などにも、発電や始動用に小型のガスタービンエンジンが搭載されている。

【第四章】未知の世界を切り拓いた乗り物

特殊乗り物
NO.062
【天才の夢、実らず】
リピッシュ エアロダイン

アメリカ

第二次世界大戦中、ナチスドイツにあって高速戦闘機の研究に没頭し、世界初の（そして世界唯一の）**実用ロケット戦闘機Me163コメート**や、**ラムジェット戦闘機p・13a**（計画のみ）など、怪作ともいえる航空機を設計したのが、ドイツの奇才科学者、**アレクサンダー・リピッシュ博士**である。

戦後、リピッシュ博士はその才能から、アメリカ軍の**「ペーパークリップ作戦」**（有能な技術者をアメリカに連れ帰る人材獲得作戦）によってアメリカに渡っていた。

しかし、アメリカ軍では十分にその異才を発揮することができず（冷遇されたとの話も残っている）、ほどなくして**民間企業のコリンズ社に移籍**する。コリンズ社は航空機メーカーではなく、**航空機向けの電子部品を作る会社**だった。

リピッシュ博士が部品作りに満足するはずがなく、博士はコリンズ社に籍を置きながら**「エアロダイン」**と呼ばれる奇怪な航空機の研究に没頭するようになる。

エアロダインは、大きな筒の中にプロペラを収めたダクテッド・ファン機の一種だが、その筒自体の構造や形を工夫することで、揚力を発生させようとするところに特徴があった。

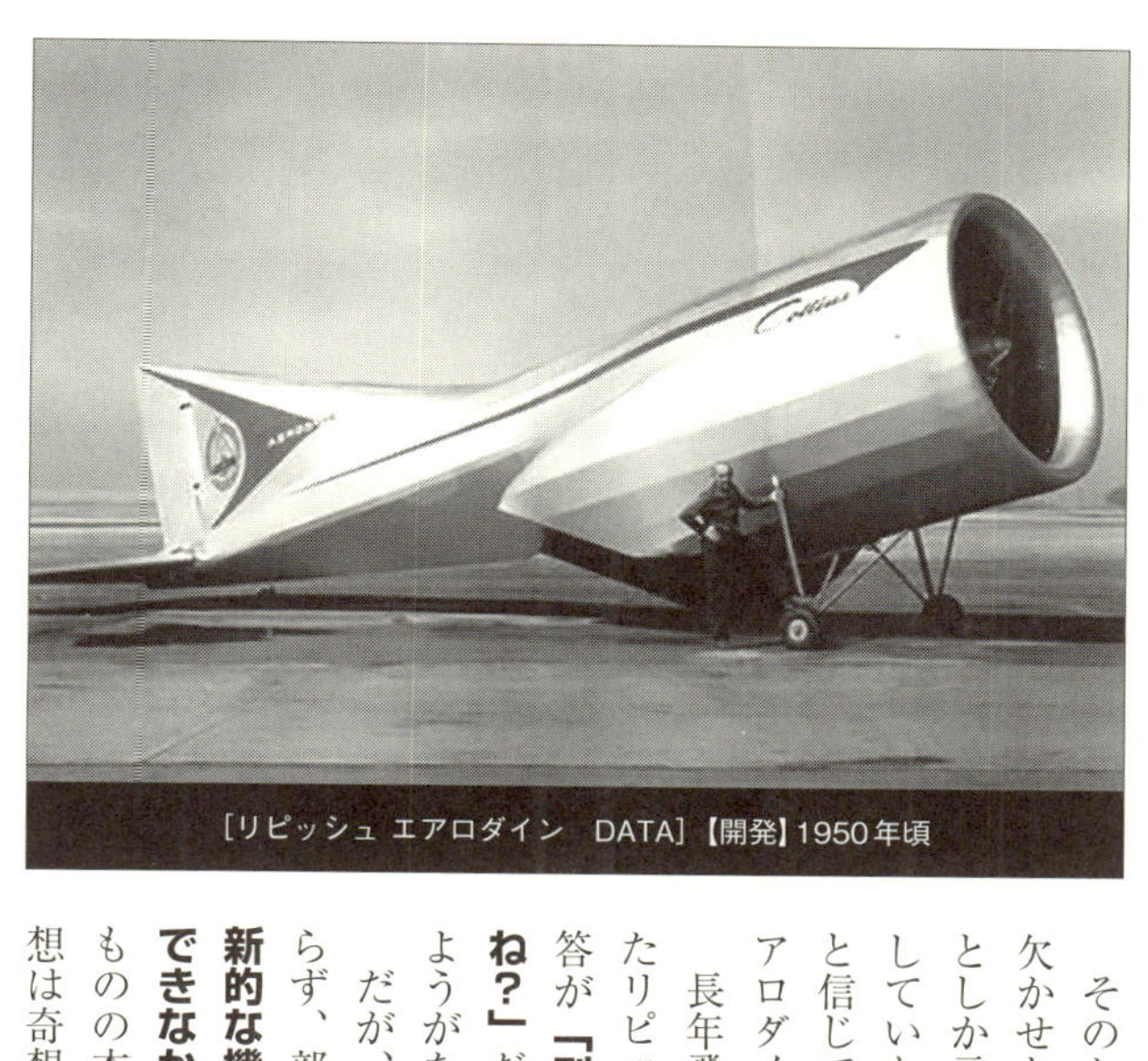

［リピッシュ エアロダイン　DATA］【開発】1950年頃

そのため、エアロダインには航空機には欠かせないはずの主翼がなく、**"空飛ぶ筒"**としか言いようがないような、異様な姿をしていた。博士はこれを未来の飛行機の形と信じていたようで、様々なデザインのエアロダインを設計している。

長年飛行機の翼について研究し続けてきたリピッシュ博士がたどり着いた一つの解答が**「別に飛行機に翼はいらないんじゃね？」**だったのが、まさに奇才としかいいようがない。

だが、大手の航空機メーカーならいざ知らず、部品メーカーのコリンズ社では、**革新的な機体を発明しても実用化することはできなかった**。一応実物大模型は作られたものの本格的な開発は行われず、博士の構想は奇想のままで終わってしまったのだ。

特殊乗り物
NO.063
【SFすぎる飛行機】
ベルX-22垂直離着陸機
アメリカ

垂直離着陸が可能な輸送機として「**フライング・バナナ**」とその発展型のタンデムローターヘリを運用していたアメリカ軍だが、それらは**飛行速度が遅いという欠点**があり、その欠点はヘリの飛行原理上、克服は不可能だった。

そこでアメリカの陸、海、空の三軍共同で**垂直に離着陸可能**で、かつ**ある程度の高速で飛行できる輸送機**の開発に乗り出す。その要求案は航空機メーカーの**ベル・エアクラフト社**に発注された。

ヘリのように離陸し、飛行機のように飛ぶ、という要求に対し、ベル社が出したのが**翼に巨大なダクテッド・ファンを取り付け、その角度を変化させることで上昇も推進も自由にこなす**という機体だった。

ダクテッド・ファンとは筒状の覆いの中でプロペラを回転させることで、効率よく気流を噴出させる構造のことで、現在ではホバークラフトや飛行船などで使われている。

このダクテッド・ファンを４基、４つの翼それぞれにとりつけ、後翼の４発のジェットエンジンから取り出した回転力で駆動させた。

［ベル X-22 DATA］【開発】1966年 【全長】12.7m 【全幅】11.96m 【重量】4.753 t 【最高速度】409km/h 【乗員数】2＋6人

2機が製造され、飛行試験が行われた。しかし、飛行には成功したものの、**試験中に1号機が墜落**して失われてしまう。

試験はその後、2号機で続行されたが、結局、**陸海空いずれの軍からも発注はなかった**。

試験は60年代後半から80年代まで続いたが、試験の末期にはベル・エアクラフト社は買収されており、社名をベル・ヘリコプター社に変更。その頃にはすでにX‐22と同様の要求案から垂直離着陸輸送機計画JVX（後の**V‐22 オスプレイ開発計画**）がスタートしていたため、全軍の目はもはやそちらに向いていた。

X‐22は貴重なデータは提供したものの、それっきり忘れ去られてしまったのである。

特殊乗り物
No.064
【珍機！　空飛ぶハサミ】
NASA AD-1可変翼実験機
アメリカ

セスナなどのプロペラ機をはじめ、低速で飛行する**飛行機の翼は、胴体の向きから真横方向に伸びているのが普通**である。低速機においてはこの翼のつき方がもっとも効率的だからである。

しかし、高速で飛行する機種の場合、機体の表面を流れる気流が速すぎると、機体が空気を受け流して後方に流すのが追いつかなくなり、**大きな抵抗を生んでしまう**。

これを防ぐ方法は翼を**斜め後方に伸ばす「後退翼」**にするか、**斜め前方に伸ばす「前進翼」**にするかしかない。しかし、一方で低速時は飛びやすい通常の翼が望ましい。これらの翼の特性をたった1機種の実験機で解明できたら便利である。

NASAのエイムズ研究所に勤務していたロバート・ジョーンズ博士は日夜、効率の良い超音速機の研究を行っていた。

ある日、ジョーンズ博士は風洞実験において主翼を斜めに取り付けた模型を試験してみたところ、高性能な飛行機になる可能性があることに気がつく。そこで早速、実験機を作って試験してみることにした。

［NASA AD-1可変翼実験機 DATA］【開発】1979年 【全長】11.83m 【全幅】9.85m（展開時）【重量】658kg 【最高速度】322km/h 【乗員数】1名

これが前代未聞の**斜め翼実験機「NASA AD-1」**である。

AD-1は2発の小型ジェットエンジンを搭載している。通常時にはごく普通の飛行機のようだが、内蔵された電動モーターで徐々に**主翼を回転させて最大60度まで角度を付ける**ことができた。主翼はハサミのような形になり、前進翼と後退翼を同時に装備した状態になった。

AD-1自体はそれほど高速の機体ではなく、**あくまで斜め翼の性質を調べるための実験機**だった。いろいろな速度、翼の角度で飛行してデータの取得が行われたようである。だが、さすがにこの珍妙な機体をすぐに実用化させるというわけにもいかず、データ取得が完了した時点で引退。博物館に展示されることになった。

特殊乗り物
NO.065

【SF世界に影響を与えた珍機】マーチン・マリエッタX-24A／B

アメリカ

まさに有人宇宙飛行時代の幕開けである1960年代、宇宙開発においてひとつの問題が浮かび上がってきていた。

それまで使われていたカプセル型の宇宙船は、**基本的に使い捨て**であり、**一度の宇宙飛行ですべて失われてしまった**。次に宇宙に行くときはまたゼロから作り直さなければならなく、コストも手間もかかっていた。**繰り返し使える宇宙船の開発は急務**だったのだ。

改善策が研究されるなか、登場したのがロケットによって打ち上げられ、宇宙飛行の後に自力で飛行して着陸する**「宇宙往還機」**である。このタイプの宇宙船ならば、通常の飛行機のように何度でも使うことができるのだ。

だが、単純に飛行機をロケットに載せて打ち上げるというわけにはいかなかった。揚力を生み出す翼は**空気抵抗をも生み出す**。人工衛星の速度は時速約2万7000キロであり、減速するにしても、その速度で飛行機が大気圏に突入すれば、**巨大な空気抵抗を受けて機体がバラバラ**になってしまう。

そこで考え出されたのが、翼を最小限にした**「リフティングボディ機」**である。リフティ

［マーチン・マリエッタ X-24A　DATA］【開発】1969年　【全長】7.46ｍ　【全幅】3.51ｍ　【重量】2.88ｔ　【最高速度】1667km/h　【乗員数】1名

ングボディ機は特殊な形状の胴体をしており、高速で飛行した場合に**胴体で揚力を発生**させることができる。いくつかの実験機が造られ、爆撃機改造の母機から発進する実験が行われているが、特に有名なのが**「マーチン・マリエッタX・24」**である。

X・24にはA型と改良型のB型がある。丸っこいA型は安定性に問題があり、**よりシャープな形状のB型に改造**された。これらのリフティングボディ機は後のスペースシャトル開発に重要なデータを残したが、直系の実用機は作られなかった。

しかし、その姿はSF作家にインスピレーションを与え、機動戦士ガンダムの**「コムサイ」**や、ウルトラマンの**「小型ビートル」**など、その姿を元にした架空のメカをいくつも生み出している。

特殊乗り物
NO.066

【宇宙旅行時代のさきがけ】
ホワイトナイトとスペースシップ1

アメリカ

宇宙開発は国が主体となって行う物であり、公的機関の発注を受けた民間企業が宇宙船を製造する。このスタイルが、これまでの宇宙開発のあり方だった。宇宙に行ける者は国家に選ばれた一握りのエリートだけ、という状況だった。

1996年、そんな状況を打破するために、アメリカの非営利組織が**民間宇宙船の有人弾道宇宙飛行成功**に対して賞金を贈呈する**「Xプライズ」**を開催する。そのルールは国家の支援に頼らないこと、一度だけでなく2週間以内に再度飛行することなどで、高度100キロに到達すれば宇宙に出たとみなされた。

この挑戦に名乗りを上げた航空機メーカーのひとつに、ハイテク航空機の製造で知られる**スケールド・コンポジッツ社**があった。

そのスケールド・コンポジッツ社が作り上げたのが**「スペースシップ1」**である。マイクロソフトの創業者ポール・アレンの寄付で製造されたこの宇宙船は、専用母機ホワイトナイトから空中発射され、そのままロケットエンジンで上昇、高度100キロに到着後、滑空して地上に戻るという仕組みだった。

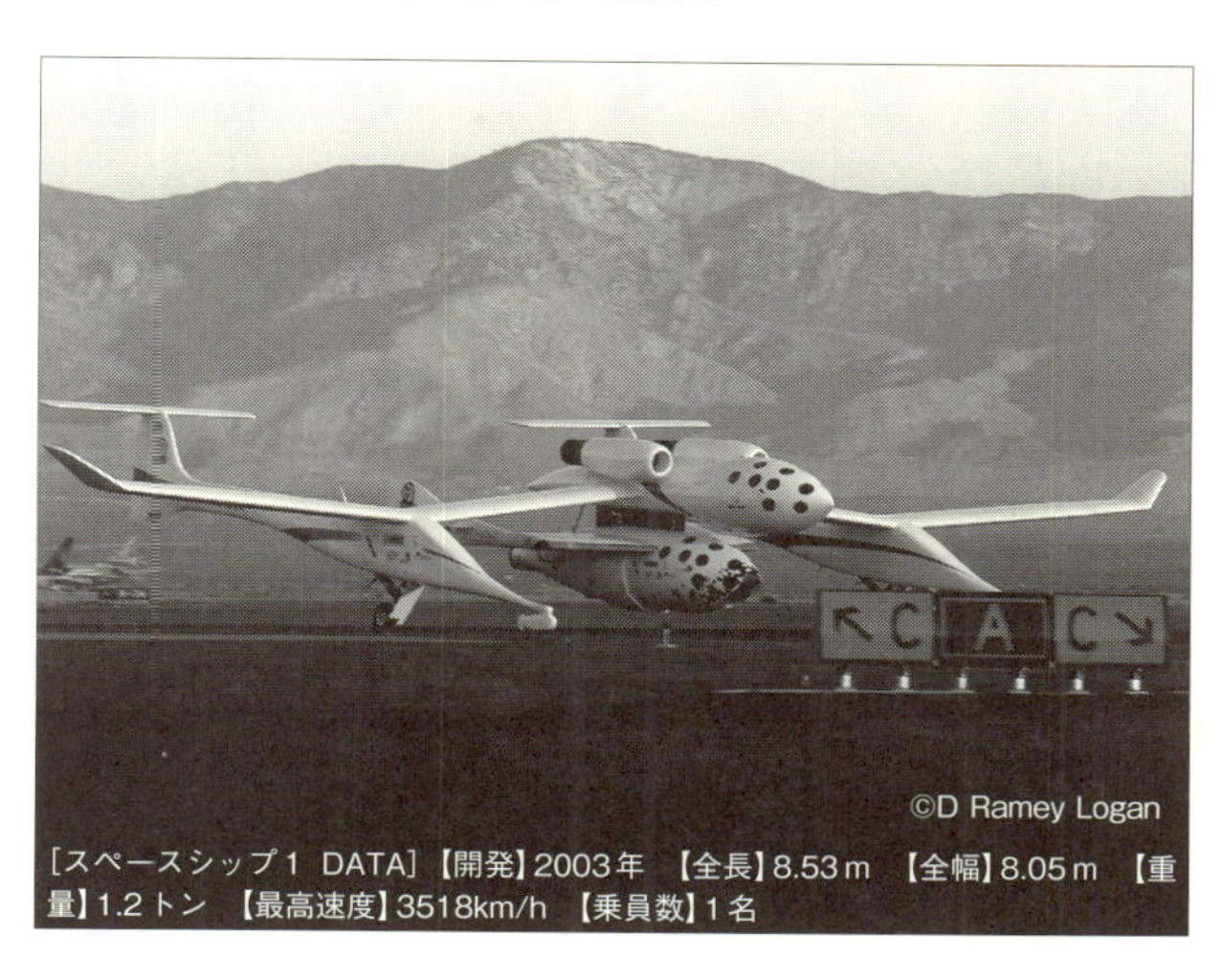

©D Ramey Logan
［スペースシップ1 DATA］【開発】2003年 【全長】8.53m 【全幅】8.05m 【重量】1.2トン 【最高速度】3518km/h 【乗員数】1名

これはアメリカが**X・15極超音速機**を飛ばしたときとおなじやり方だったが、それを民間企業が成し遂げようというのだ。

2004年6月、Xプライズ獲得に先立ち、実際に宇宙へ向かう挑戦がおこなわれた。途中で機体がバランスを崩すハプニングはあったものの、スペースシップワンは**無事に高度100キロに到達**したのである。操縦手のマイク・メルビルは、カメラの前でチョコレートを浮かべ、宇宙に出たことをアピールしてみせた。このチョコのメーカーも民間スポンサーになった。

9月29日、10月4日と2度の有人弾道宇宙飛行を成功させ、**賞金1000万ドル**（10億5000万円）を獲得したスケールド・コンポジッツ社は、**世界初の遊覧飛行宇宙船スペースシップ2を開発中**である。

特殊乗り物 NO.067

【一人乗りヘリコプター浮上せよ】

デラックナーHZ・1

アメリカ

1950年代から70年代にかけて、アメリカ軍の主導で**「フライング・プラットフォーム」**と呼ばれる乗り物が研究されていた。

フライング・プラットフォームとは、**一人乗りの小型垂直離着陸機**で、いわば兵士一人一人に飛行能力を持たせ、偵察や移動が可能になるというものだった。

軍からの要求に対して、いくつかの航空機メーカーが応じ、数々の奇妙な飛行物体が試作されている。その中の一つに**デラックナー・ヘリコプターズ社**があった。社長のドナルド・デラックナーと少数の社員で構成された零細企業であったらしく、代表作と言える機体は見当たらない。

デラックナーは社内名称DH‐4を軍に提案した。

これは小型エンジンで**二重反転するローター**を回し、その上に人間が乗る足場を設け、**立ち乗りでハンドルを握ってスロットル操作と体重移動で操縦**するという仕組みだった。後に改良が加えられた際に着陸脚にフロートが装備され、水上にも着水可能になる。これに関心を示した軍は、**「HZ・1エアロサイクル」**として12機の試作機を発注、試験を行ってみる

［HZ-1 エアロサイクル　DATA］【開発年】1954年　【ローター径】4.6ｍ　【重量】78ｋｇ　【最高速度】121km/h　【乗員数】1名

ことにした。

ＨＺ－１は実際の飛行では、その素人発明家が作ったような外見とは裏腹に比較的まともに飛行してみせた。

だが、その操縦は一筋縄ではいかなかった。一兵士でも簡単な訓練ですぐに乗りこなせるようにならなければ、フライング・プラットフォームを開発する意味はないが、ＨＺ－１は**パイロット経験者でなければ乗りこなせない**ほど操縦がむずかしかったのだ。

挙げ句、**二重反転ローターがお互いに衝突して破損、墜落**するという事故まで起こし、計画は中止になった。

ちなみに開発元のデラックナー・ヘリコプターズ社は、これっきりで解散したようである。

特殊乗り物
NO.068

【無名飛行家、意地の一手】スピリット・オブ・セントルイス号

アメリカ

飛行機が誕生したばかりの頃、その航続距離はとても短く、長くて数キロ飛べば良いほうだった。そのヨチヨチ歩きのような状態から、徐々に航続距離を伸ばしていき、実用の乗り物として十分な能力を持たせていったのである。

そうして訪れたのが、飛ぶ距離を競う**冒険飛行の時代**だった。1919年、富豪のレイモンド・オルティーグが太平洋無着陸横断飛行に成功した者に賞金を出すという「**オルティーグ賞**」を設立する。この賞に挑戦した青年飛行家がいた。**チャールズ・リンドバーグ**である。リンドバーグは経験豊富な飛行機乗りだったが、取り立てて目立った実績がなく、地味で無名の飛行家だった。そのため、新しい機体を買おうとしても出資者が集まらない。そこで、やむなく**平凡な機体を無理やり長距離飛行用に改造**して使用することにした。

長距離飛行には、それに見合った多量の燃料を積まねばならない。リンドバーグの愛機「**ライアンNYP・1　スピリット・オブ・セントルイス号**」は燃料をギリギリまで積み込むために、巨大な燃料タンクを積んでいた。重量バランスなどの問題からこのタンクを機体前部に搭載した結果、**前方を見る窓がない**というとんでもない機体に仕上がった。

［スピリット・オブ・セントルイス号　DATA］【開発】1927年　【全長】8.4ｍ　【全幅】14ｍ　【重量】975ｋｇ　【最高速度】214km/h　【乗員数】1名

もっとも、レーダーもない時代、夜間は窓の外も黒一色であり、計器と地図頼りの飛行のため、さほど気にならなかったようである。また、当時の重くて信頼性の低い無線機も搭載しなかった。**遭難したらおしまい**である。

だが、この徹底した軽量化が成功の原動力となる。1927年5月20日、ニューヨークのロングアイランドを出発したリンドバーグは、**33時間以上ぶっ通しでただひとり操縦**して大西洋を横断。翌21日にフランスのパリに着陸した。それまで誰も成し遂げられなかった**大西洋単独無着陸飛行に成功**したのだ。

無名の青年飛行家は、オルティーグ賞の賞金2万5000ドルを得ると共に、世界的な名声を獲得することになった。

特殊乗り物
NO.069

【美学を貫いた空の伊達男】

サントス＝デュモンの飛行船

フランス

パリの華やかな社交界で、一人の若者が話題を独占していた。

ブラジルで財を成したコーヒー農園経営者の息子、**アルベルト・サントス＝デュモン**である。冒険好きで知られたアルベルトは、気球クラブで気球に乗せてもらうだけでは飽き足らず、**自ら飛行船を作りはじめた**。

アルベルトは礼儀をわきまえた紳士的な人物で、洒落者でもあったことから**「空飛ぶ伊達男」**などと呼ばれた。その着こなしは注目を集め、皆がこぞって真似をするほどだった。アルベルトはただの冒険家というだけでなく、飛行船に関する重要な構造の実用化にも成功している。

それは**「バロネット」**と呼ばれる空気袋である。それまでの飛行船は紡錘形のエンベロープ（風船の部分）に水素ガスを充満させて浮力を得ていたが、気圧の低い高空では膨らみ過ぎ、破裂を防ぐためにガスを抜くと今度は低空でしぼんで折れ曲がってしまう、という構造上の欠点があった。

そこでアルベルトは、エンベロープの中に水素ガスとともに空気袋を設けて、ガス圧が高

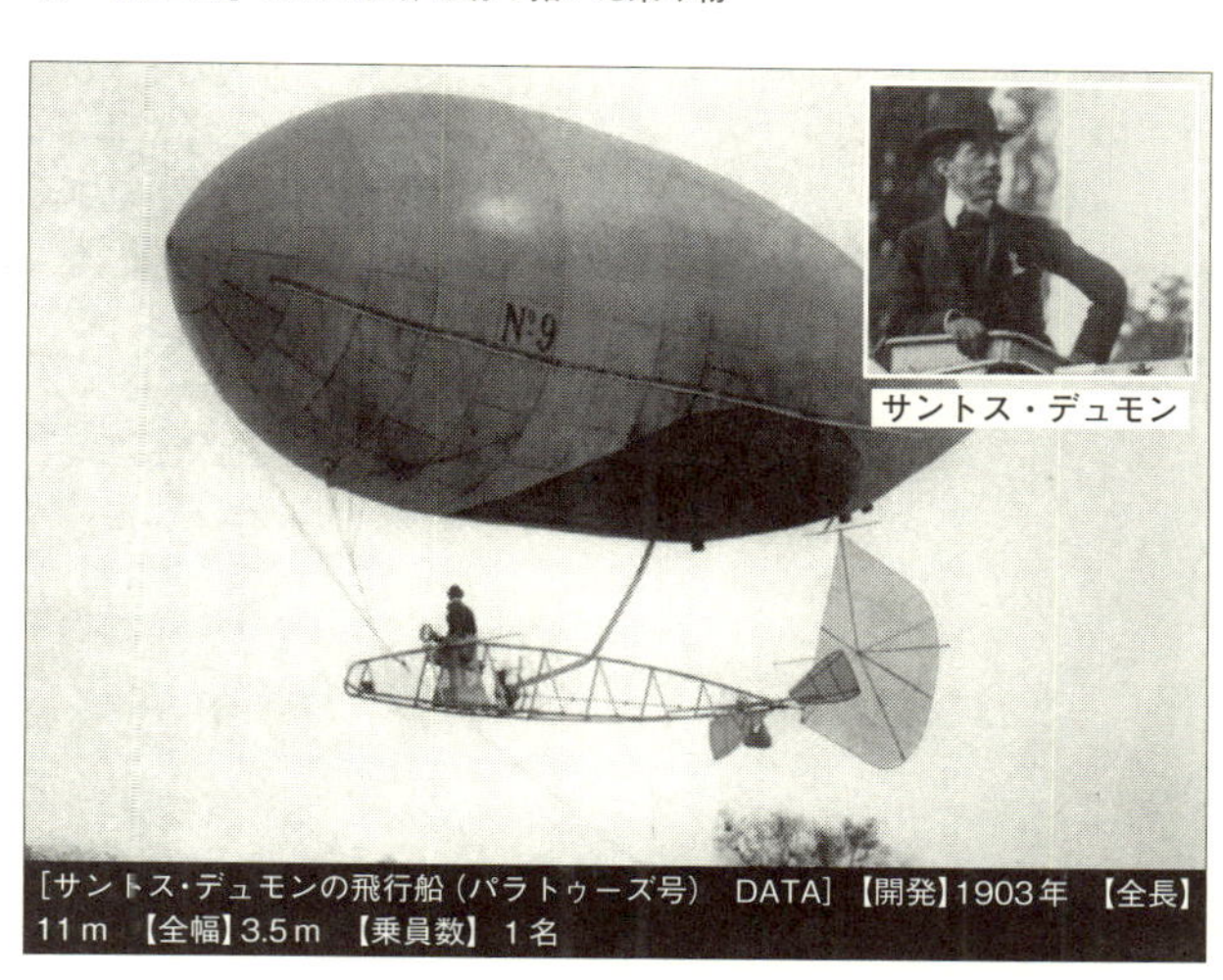

［サントス・デュモンの飛行船（パラトゥーズ号） DATA］【開発】1903年 【全長】11ｍ 【全幅】3.5ｍ 【乗員数】１名

すぎるときはガスの代わりに空気袋の空気を抜き、ガス圧が下がればポンプで空気を戻してエンベロープの形を保つという仕組みを組み込むことに成功したのだ。

いくつかの冒険飛行に挑戦する傍ら、**「バラドゥーズ（散歩する人）号」**と名付けた飛行船で空中散歩を楽しみ、レストランのそばに着陸して昼食をとるなど、優雅な生活を楽しんでいたアルベルト。彼はまた**欧州初の飛行機の発明者**でもあった。

しかし、夢のような生活は長くは続かなかった。病気のために引退し、故郷ブラジルに帰国。そこでも著名人として持て囃されたが、平和主義者のアルベルトは愛する飛行船や飛行機が戦争に使われていることが我慢できなかった。そして1932年、59歳の時に**首を吊って自殺**してしまった。

特殊乗り物
NO.070

【世界初の水上機】
ファーブル水上機

フランス

水上機とは、文字通り水面に離発着する飛行機である。**飛行機に浮き（フロート）をつけたものをフロート水上機**、**ボートに翼をつけたものを飛行艇**という。

水上機の利点は、何と言っても**降りられる場所が広いこと**である。

陸上機は基本的に飛行場と飛行場の2点間しか飛ぶことができない。

一方、水上機ならば海や大きな湖さえあればどこにでも着水できるし、発着場さえ作っておけば、滑走路を整備する必要もない。本題から逸れるが、戦前の日本にもかつては横浜に飛行艇の発着場があり、日本が統治していた南方への定期便が出ていた。

その便利な水上機を世界で初めて飛ばすことに成功したのが、フランスの発明家、**アンリ・ファーブル**である。同姓同名の昆虫学者がいて少々紛らわしいが、**昆虫記のファーブルとは別人**である。

大学で空気や水の性質を学んだファーブルは、自分でも飛行機が作ってみたくなり、その知識を生かして世界初の水上機を作り始める。こうして誕生したのが**「ファーブル水上機」**である。

[ファーブル水上機　DATA]【開発】1910年　【全長】8.5m　【全幅】14m　【重量】380kg　【最高速度】89km/h　【乗員数】1名

ファーブル水上機は写真を見てもわかる通り、**機体はほとんど骨組みだけで、凧のような主翼がついている**。

操縦手は吹きさらしの状態で梁に取り付けられた小さな座席に座り、梁にまたがって操縦しなければならなかった。

エンジン自体が回転する星形ロータリーエンジンが機体後部に装着された推進式（機体の後部にプロペラがあり、機体を押して進む方式）を採用しており、張り巡らされたワイヤーで骨組みのような機体を支えていた。

現代人の目には何かのオブジェにしか見えないが、1910年、**ファーブル水上機は初飛行で500メートルほど飛行、1週間以内にその距離を5・6キロに伸ばしている**。

特殊乗り物
NO.071

玉虫型飛行器

【世界初の飛行機は幻に】

日本

世界初の動力付き飛行機による有人飛行を成功させ、歴史に名を刻んだライト兄弟。しかし、当時飛行機の研究をしていたのはライト兄弟だけではない。日本にもライト兄弟のように大空を目指した男がいた。〝日本航空の父〟とも称される**二宮忠八**である。

二宮忠八は慶応2（1866）年、愛媛県に生まれた。幼い頃から奉公に出て、働きながら凧を作って売り、家計を助ける少年だった。

忠八は21歳で徴兵され、歩兵として勤務していた。そんなある日、カラスが羽ばたくことなく滑空しているのを見て、あるひらめきを得る。向かい風を受けとめることができれば、羽ばたくことがなくても空を飛べるのではないか。そのことに気づいた忠八は独自に**「カラス型模型飛行機」**を開発。明治24（1891）年、模型の飛行実験に成功する。

これに自信を得た忠八は、**有人型の実験機「玉虫型飛行器」**の設計を行い、陸軍に飛行機開発を上申する。玉虫型飛行器は無尾翼の複葉プロペラ機で、下側の翼を動かすことで操縦する予定だった。当時は動力となる適切なエンジンがないという問題もあったが、現在では忠八の設計に**改良を加えればある程度は飛行可能な機体になった**と考えられている。

［玉虫型飛行器　DATA］【開発】1900年頃　【全長】不明　【重量】不明　【乗員】1名　※写真は航空プラザ（石川県小松市）所蔵の模型

当時は**まだ誰も飛行機の発明に成功していない時代**。うまく行けば日本が世界に先駆けて飛行機を発明することになるかもしれない。忠八は胸を躍らせたことだろう。

しかし、軍の反応は冷ややかだった。欧米に追いつくことで精一杯の当時の日本で、欧米にもない物を作ろうというのは、**あまりに突飛過ぎてまったく理解されなかった**のだ。

結局、忠八は軍を辞め、会社員として働きながら研究費を貯金せねばならなくなった。そうこうしているうちに1903年、ライトフライヤー号が飛行に成功。**ライト兄弟に追い越されてしまう**のである。

飛行機の時代が到来した後、忠八は航空機事故の犠牲者を慰霊する**「飛行神社」を建立**、70歳で亡くなっている。

特殊乗り物
NO.072

航研機

【日本男児、世界を制する】

日本

昭和も10年代を迎える頃には、日本も科学技術の先進国として世界の中で頭角を現しはじめていた。そんな中、その実力のほどを自ら確かめるために、東京帝国大学航空研究所が**航空機の長距離飛行世界記録に挑戦することを国に提案**し、これが了承される。こうして誕生したのが、**通称「航研機」**である。

実はこの機体にははっきりとした名称がなく、**〝航空研究所長距離機〟**を縮めて〝航研機〟と呼ばれていた。英語圏でも実機の製造を担当した「東京瓦斯電気工業」の会社名から「Gasuden koken」と呼ばれているようである。

航研機はとにかく長い距離を飛ぶために、**空気抵抗を抑えること**、**安定した揚力を持つこと**、そして**長時間の無着陸飛行に耐えられること**が要求された。そのため、主翼は空気抵抗を生む張り線や支柱を持たない片持ち式が採用され、極端に長くなった。これは**「揚力抗力比」**という主翼の「抵抗に対する揚力の強さ」の比を大きくするためで、鳥類に例えると羽ばたかずに飛ぶアホウドリの翼に近いものだった。

航研機はスマートな外観のわりに速度は遅かったが、燃費は優れていた。乗員が外を見る

［航研機　DATA］【開発】1937年　【全長】14.6m　【全幅】28m　【重量】3.7トン　【最高速度】260km/h　【乗員数】3名　（写真提供：郵政博物館）

風防も折り畳み式にし、前方確認の必要がない水平飛行時には折り畳んで機体の突起部分を減らすことができた。その際は側面の窓から外を確認したようだ。

航研機は昭和13年5月13日に木更津を飛び立ち、銚子、太田、平塚を経由して木更津に戻る周回コースを3日かけて29周し、**1万1651キロ無着陸飛行の世界記録**を樹立した。3人の乗員は3日間狭い機内に押し込められて、たいへんな苦労をしたようである。しかし、時代は航空機が日進月歩の速さで進化していた頃。**翌年にはこの記録もイタリアに抜かれてしまう**。

大日本帝国の科学技術の高さを証明した航研機は羽田に保存された。しかし、戦後になり、やってきた進駐軍によって破棄されてしまった。

特殊乗り物 NO.073

【発明家の夢が生んだ怪物】

水陸両用車ライノ

アメリカ

いつの時代も、**地を走り水上をも往く水陸両用車**は男達の夢であり、また、実用の問題としてそのような機能を必要とする地域もあった。たとえば、アメリカ軍は第二次大戦時にアリゲーター水陸両用車を使用したが、この車両はもともと湿地帯での人命救助などを念頭に置いて発明されたものであった。

そして、アメリカ人の発明家**エリー・アグニデス**もまた、あらゆる環境において走行可能な万能車両を発明しようと野心を燃やしていた。

エリーはブルドーザーを観察しアイデアを練りつつ、本業の発明で特許を取得し、開発費を手に入れると、ついに実車の開発に乗り出す。こうして完成したのが、**水陸両用車「ライノ」**だった。

ライノの実車はインディアナ州のマーモン・ヘリントン工場で作られた。

ライノの大きな特徴の一つはその**半球型の巨大な前輪**である。

この車輪は地面の凹凸を踏んだ車体が横倒しになりそうになった時に、**起き上がり小法師のように姿勢を戻す**機能があった。また、大きな車輪は柔らかい地面でも沈み込みにくかっ

［水陸両用車ライノ　DATA］【開発】1954年　【全長】5.7ｍ　【重量】5ｔ　【最高速度】72km/h　【乗員数】2名

た。もちろんかなりの不整地でも走破でき、**整地では時速72キロで走行**できた。不整地に強いものといえば、戦車などの履帯式の乗り物が思い浮かぶが、当時の履帯式の乗り物でこれほど速く走れるものはごく一部だけだった。

水上では、車体後部より突き出たジェットノズルから水を噴き出して航行できた。このノズルは自由に回転して進行方向を変えることができた。

まさに**驚異的な万能車両**だったが、少々オーバースペックで空回りしている感は否めず、民間では高性能水陸両用車を大量生産しても完売できるほどの需要はなかった。**はっきりいえば使い道がなかった**のだ。アメリカ軍にも売り込まれたが、売り込みには失敗している。

特殊乗り物
NO.074

【冒険一家の魂】

ブライトリング・オービター3

スイス他

気球は世界で初めて空を飛んだ航空機である。しかし、自由に好きな場所をめざして飛行できる飛行船や飛行機が登場すると、風任せの気球はどうしても見劣りしてしまい、長距離飛行には使われなくなってきた。

それ故に冒険心がくすぐられるのか、これまで何人もの冒険家が**気球による無着陸世界一周**に挑んできた。だが、気球で長距離を飛行するのは簡単ではない。

気球で長距離を飛行するには、**ジェット気流**を使う。しかし、ジェット気流を使うには高高度に約3週間近くも滞在することになるため、熱気球では燃料が切れ、ガス気球ではガスが抜け、なにより**低温低酸素の環境に人間が耐えることができなかった**。

1999年3月1日、スイスを1機の奇妙な気球が飛び立った。冒険家の**ベルトラン・ピカール**と**ブライアン・ジョーンズ**を乗せた**ブライトリング・オービター3**である。

ベルトランは成層圏と深海到達で世界初の記録を持つ有名な冒険一家、**ピカール家**の出身（詳しくはp180「潜水艇トリエステ」参照）。この気球は世界一周のために作られた特別な気球で、〝ブライトリング〟はスポンサーの航空時計メーカーの名称である。

［ブライトリング・オービター3　DATA］【開発】年1999年　【全高】気球：55m、ゴンドラ：3.1m　【重量】2ｔ（ゴンドラ）　【乗員数】2名

ブライトリング・オービター3は無着陸世界一周を成し遂げるために、独特な作りをしていた。バルーン部分はヘリウム気球を熱気球で包んだような構造になっており、**わざと少なめにガスを注入**し、大きく膨らんでも破裂しないようになっており、ガスが冷えた場合はバーナーで暖めて浮力を保つことできた。ゴンドラは酸素や気圧などの内部環境を一定に保てるように旅客機並みに密閉されていた。バルーンは太陽光で内部の温度が上がらないように表面をアルミで被覆されていた。

ブライトリング・オービター3は**4万キロ以上**を飛び、スイスを出発してから19日と21時間55分後にエジプトの砂漠に着陸。見事、無着陸地球一周飛行を達成。**ピカールにとって三代続く世界初の成功**だった。

特殊乗り物
NO.075

【裸一貫で虚空に挑め】
プロジェクト・エクセルシオ

アメリカ

１９５０年代後半のアメリカで、ある問題についての実験がなされようとしていた。当時、すでに戦闘機は極めて高い高度（高高度）を飛行するようになっており、また、有人宇宙飛行計画も進行中であった。そこで問題になったのが、**はるか成層圏の最上部で事故が発生した場合、パイロットはパラシュートで無事に着陸できるか**という点だった。

アメリカ軍はダミー人形にパラシュートを取り付け、高高度気球から投下する実験を行った。余談だが、このとき落とした人形が片田舎で発見されて、**ＵＦＯ事故で死んだ宇宙人**と間違われるといった出来事があった。

だが、いずれ生身の人間で実験せねばならない。

そんな中、名乗りをあげたのが**ジョージフ・Ｗ・キッティンジャー・ジュニア大尉**である。大尉はまず、有人高高度気球に乗って30キロ上空に到達する「**プロジェクト・マン・ハイ**」に挑戦。これに成功すると、大尉はついに**上空30キロからのダイブ**という、史上空前の実験に挑んだ。上空30キロまでは高高度気球（１６９ページ左写真）で向かった。気球には開放式のゴンドラが取り付けられており、大尉はそこに与圧服を着て乗り込んだ。

[プロジェクト・エクセルシオ　DATA]【実験】1959～1960年　【最高到達高度】31330m　【最高速度】988 km/h　【乗員数】1名

挑戦はエクセルシオⅠからエクセルシオⅢまで3度にわたって行われ、最後のダイブとなったエクセルシオⅢでは**上空約31・3キロの高さから飛び降り、音速に近い速度まで加速**した。

これは人間が**体一つで出した速度としては世界最高の記録**で、2012年に行われた同様の挑戦「**レッドブル・ストラトス**」が行われるまでは、長く破られることはなかった。

ダイブに成功した大尉は、当時こそ「**宇宙から帰ってきた男**」として持て囃されたが、数年後に本格的な宇宙飛行の時代が到来すると**忘れられてしまった**。しかし、2012年のレッドブル・ストラトスでは**アドバイザーとして協力**。挑戦の成功に貢献している。

特殊乗り物
NO.076

【超危険！　世界初の宇宙船】ボストーク1号

冷戦時代は核開発の時代であると同時に、**宇宙開発競争の時代**でもあった。

特にアメリカとソ連は、どちらが先に宇宙に人工物を送るか、どちらが先に人間を宇宙に送るか、威信をかけた競争を行っていた。

宇宙開発は単なる国威発揚の場ではなかった。ロケット技術はそのままミサイル技術に転用できたため、**宇宙開発は軍拡競争という側面もあった**。

その初期の頃、**先頭を走っていたのはソ連**だった。

1957年10月、ソ連は**世界初の人工衛星スプートニク1号の打ち上げに成功**。このニュースはアメリカを震撼させ、各軍のロケット研究部門が統合され、**「アメリカ航空宇宙局（NASA）」**が結成されるきっかけになった。

ソ連は有人宇宙飛行でも優位に立っていた。アメリカがやっと人工衛星打ち上げでソ連に追いついた頃、ソ連では世界初の有人宇宙船の開発が始まった。そして完成したのが**「ボストーク1号」**である。ボストーク1号は1人乗りの再突入カプセルと、動力を供給する機械部から成り立っており、これは現代のカプセル型宇宙船とあまりかわらない。これをロケッ

ソ連

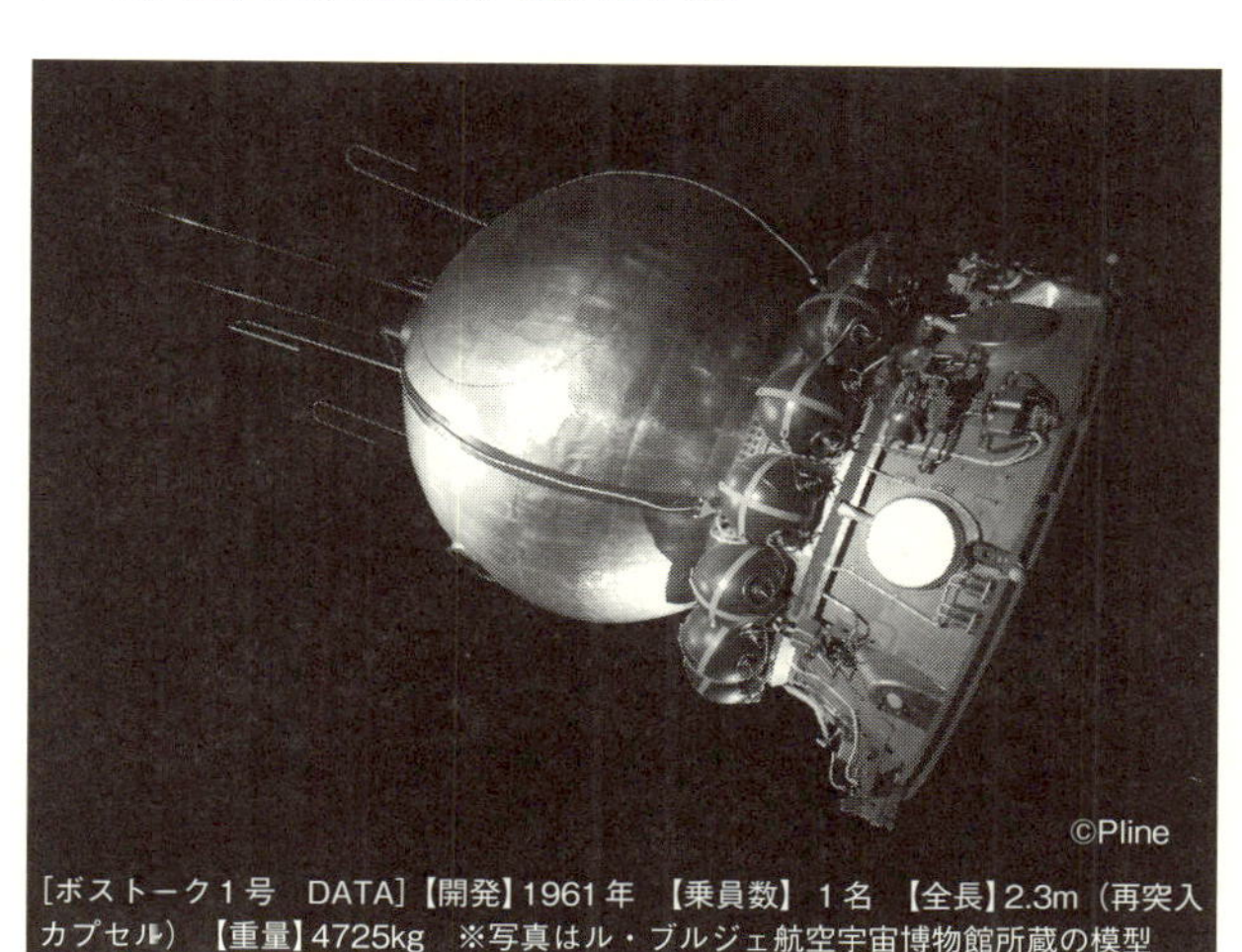
©Pline

［ボストーク1号　DATA］【開発】1961年　【乗員数】１名　【全長】2.3m（再突入カプセル）　【重量】4725kg　※写真はル・ブルジェ航空宇宙博物館所蔵の模型

トの先端に取り付けて打ち上げるのである。1961年4月、**ユーリ・ガガーリン**を乗せたボストーク1号は見事軌道投入に成功した。

順調に飛行したボストーク1号だが、実は問題は着陸にあった。ボストークの再突入カプセルには、減速用パラシュートはあっても着地の衝撃を和らげる逆噴射ロケットがなく、**人間が乗り込んだまま着陸できなかった**のだ。乗ったまま着陸した場合、無事でいられる保証はない。そのためガガーリンは大気圏突入後、射出座席で船外に打ち出され、人間用パラシュートで本船とは別に着地しなければならなかった。

一発勝負の脱出だったが、**ガガーリンは成功**し地上に帰還、**一躍時の人となった**のはご存知の通りである。

特殊乗り物
NO.077

ジェミニ宇宙船

【忍耐が試される船】

アメリカ

宇宙開発でソ連に後れをとったアメリカだったが、**ボストーク1号による初の有人宇宙飛行から1ヶ月後**の1961年5月5日には、**マーキュリー・レッドストーン3号による有人宇宙飛行を成功**させていた。しかし、これは**宇宙空間に到達した後、すぐに地上に戻ってくる弾道飛行**に過ぎず、ソ連に追いついたと言えるようなものではなかった。

マーキュリー計画はその後も実験を重ね、宇宙での滞在時間が増えるなど、内容が高度になり、次の段階に進むための準備が整ってきた。

そうして始まったのが、2人の飛行士を同時に打ち上げて、宇宙に長期間滞在させようという**「ジェミニ（双子座）計画」**である。これは月面着陸を視野に入れた物でもあった。

この計画によって作られたのが**ジェミニ宇宙船**である。

ジェミニ宇宙船は、その後のアメリカの宇宙での成功の礎となるような様々な技術や工夫が込められていた。ジェミニは2人の宇宙飛行士を乗せたまま、軌道上に2週間も滞在する能力があった。また、姿勢制御装置も持ち、ある程度、軌道上で移動することができた。

ジェミニ7号では、この姿勢制御装置を使った6号とのランデブーを行い、ジェミニ8号

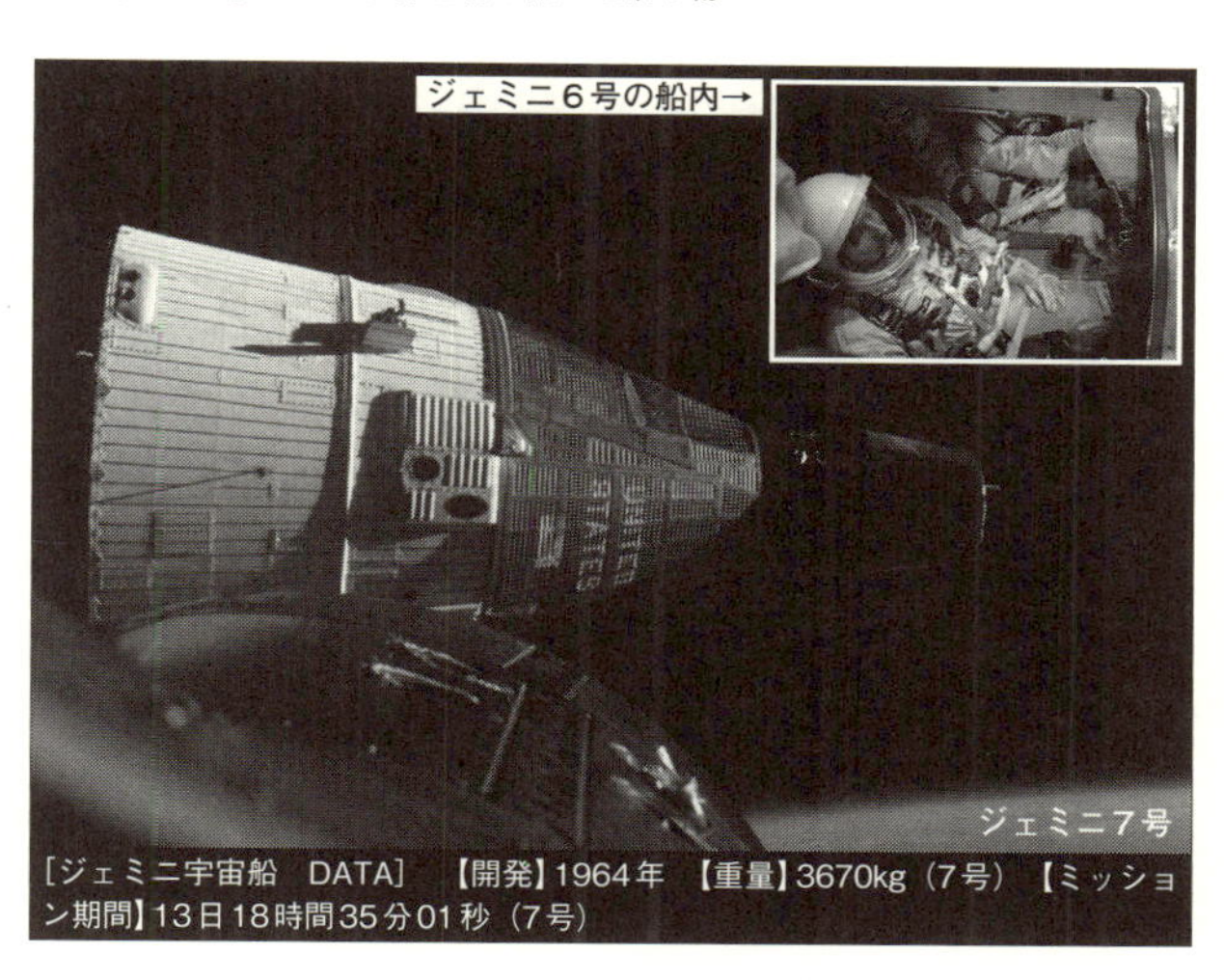

［ジェミニ宇宙船　DATA］　【開発】1964年　【重量】3670kg（7号）　【ミッション期間】13日18時間35分01秒（7号）

では人工衛星とのドッキング実験も行われた。これは後の宇宙ステーション開発にとって、非常に有意義な実験になった。

このようにジェミニ宇宙船は**後の宇宙大国アメリカを決定づけた傑作機**だったが、その乗り心地は快適とは言えなかった。

なにしろ船内は非常に狭く、**乗用車の前部座席程度**しかない。そこに相棒と２人、**最大２週間も隣り合って座り続ける**のである。もちろん個室などはなく、**食事も排泄も自分の座席で済ませなければならなかった**。ジェミニ搭乗員には鋼鉄の精神力とプロ意識、仲間への信頼が要求されたのだ。

ジェミニは１９６１年から１９６５年までの間に全部で12回飛行し、うち10回が有人飛行だった。この経験を元にアメリカはアポロ計画を推進してゆくのである。

特殊乗り物 NO.078

【宇宙ホテルの夢、間近か】

宇宙滞在施設BEAM

アメリカ

宇宙開発を行う際に、もっとも制限されてしまうものの一つが**「打ち上げる物の大きさ」**である。打ち上げることのできる荷物の直径は、ロケットの先端にある**貨物室の直径を超えられず、その直径も無制限に太くするわけにはいかない**。そのため宇宙空間に宇宙ステーションのような滞在施設を建設する場合、どうしても狭くなってしまう。

実は、この問題は90年頃にはＮＡＳＡによって解決される予定だった。

その解決法とは**「滞在施設を折り畳み可能な素材で作り、たたんで打ち上げ、軌道上で空気を入れて膨らませる」**というものだった。

折り畳めるような柔らかい素材で強度は大丈夫なのか、という心配もあるが、例えば宇宙服は、強靭な素材が何重にも重ねられた外皮にあたる断熱防護層と、空気が漏れないように柔らかい素材で密閉された内側の気密拘束層からなり、宇宙飛行士を守っている。このような構造をさらに分厚く作れば、強度は十分と考えられたのだ。

しかし、この**「トランスハブ」計画は予算の都合で中止**、滞在施設を折りたたみ可能な素材で作るという構想もストップしてしまった。ところが、そこで思わぬ救いの手が差し伸べ

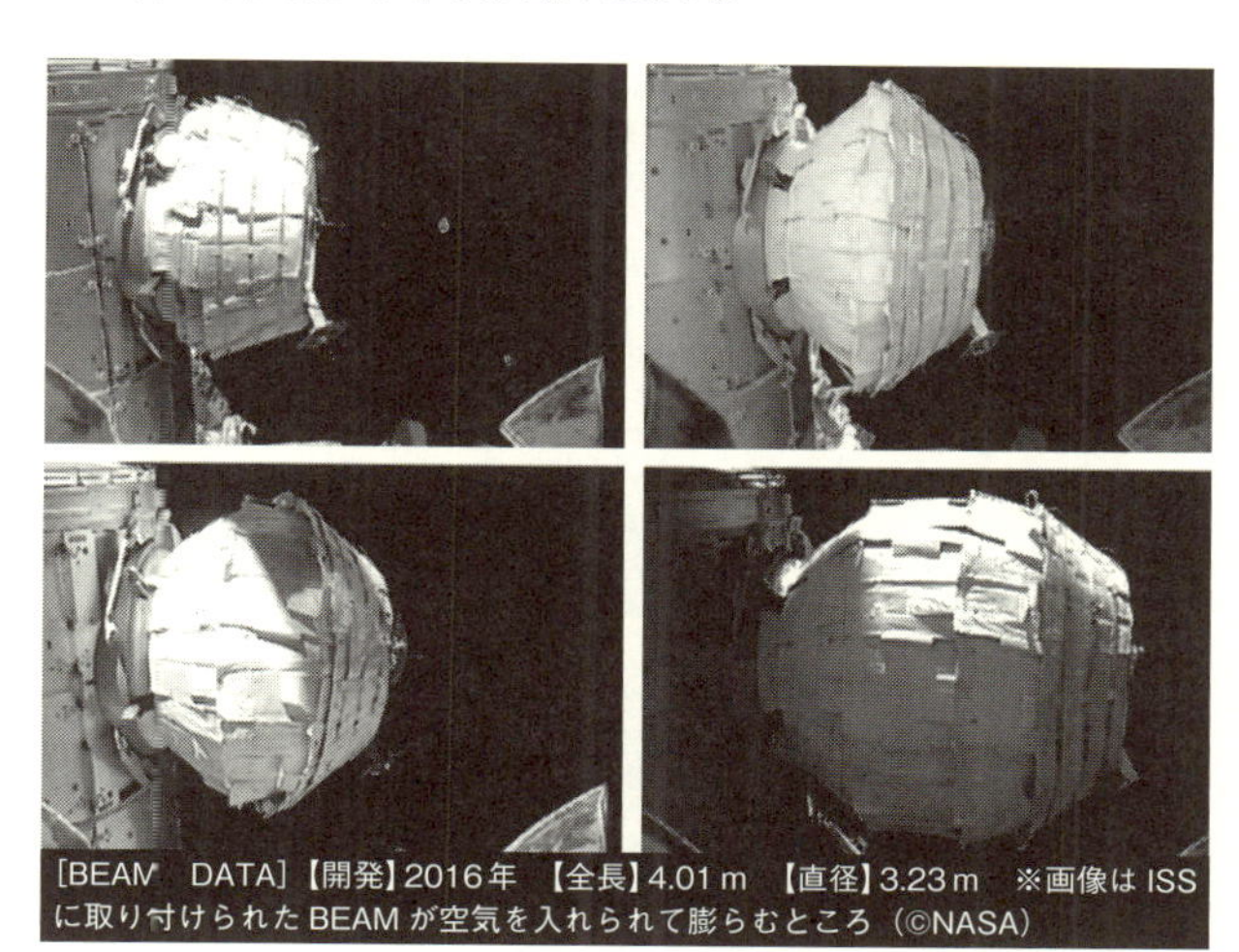

［BEAM　DATA］【開発】2016年　【全長】4.01ｍ　【直径】3.23ｍ　※画像はISSに取り付けられたBEAMが空気を入れられて膨らむところ（©NASA）

られる。ホテル王**ロバート・ビゲロー**が、宇宙ホテル建設を狙ってこの計画を買い取り、その続行が決まったのである。

その後、ビゲローは宇宙ステーションモジュールの研究・製造を行うベンチャー企業を設立。2016年4月には、NASAの協力のもと、初の本格的な試験モジュール**「BEAM（ビゲロー拡張型アクティビティモジュール）」**を打ち上げた。BEAMは国際宇宙ステーションに設置され、実際に膨らませることに成功している。

今のところ、BEAMは単なる小部屋にすぎず、実際に内部に入ってみた宇宙飛行士は**「暗くて寒い。そして清潔だ」**との感想を持ったという。しかし何年か後、この小部屋は青い地球を眺めながらくつろぐ、高級ホテルを生み出すかもしれないのだ。

特殊乗り物 NO.079

【最古の潜水艇】

潜水鐘

イギリス他

人間は水中では呼吸することができない。

当たり前のことではあるが、この一点の問題があるというだけで、人間にとって海、特に**海底は未知の世界**であった。だが、実用性はともかく、想像するだけならごく簡単な構造の潜水器具を人類は発明することができた。

あなたはお風呂に入るとき、**洗面器をひっくり返して湯船に沈めて遊んだこと**はないだろうか。洗面器を完全に沈めても中の空気は残るため、水中なのに空気に触れることができる。これの重く大きなものを作り、中に入って船で吊り下げれば、海に潜りながら呼吸をすることができる。これを潜水鐘（せんすいしょう）といい、古くは**アレキサンダー大王がガラスで大きな潜水鐘を作り、船で吊り下げながら海中を見物した**という伝説が残っている。

しかし、現実に**実用に足る潜水鐘が完成したのは19世紀以降**のことである。

それまでの潜水鐘は単に重い容器を逆さ吊りにしただけの物で、内部の酸素を消費してしまうと窒息してしまうような代物だった。アイデアは単純でも、実際には絶対に空気漏れを起さない加工技術に、内部に新鮮な空気を送り込む仕組みの発明が不可欠だった。

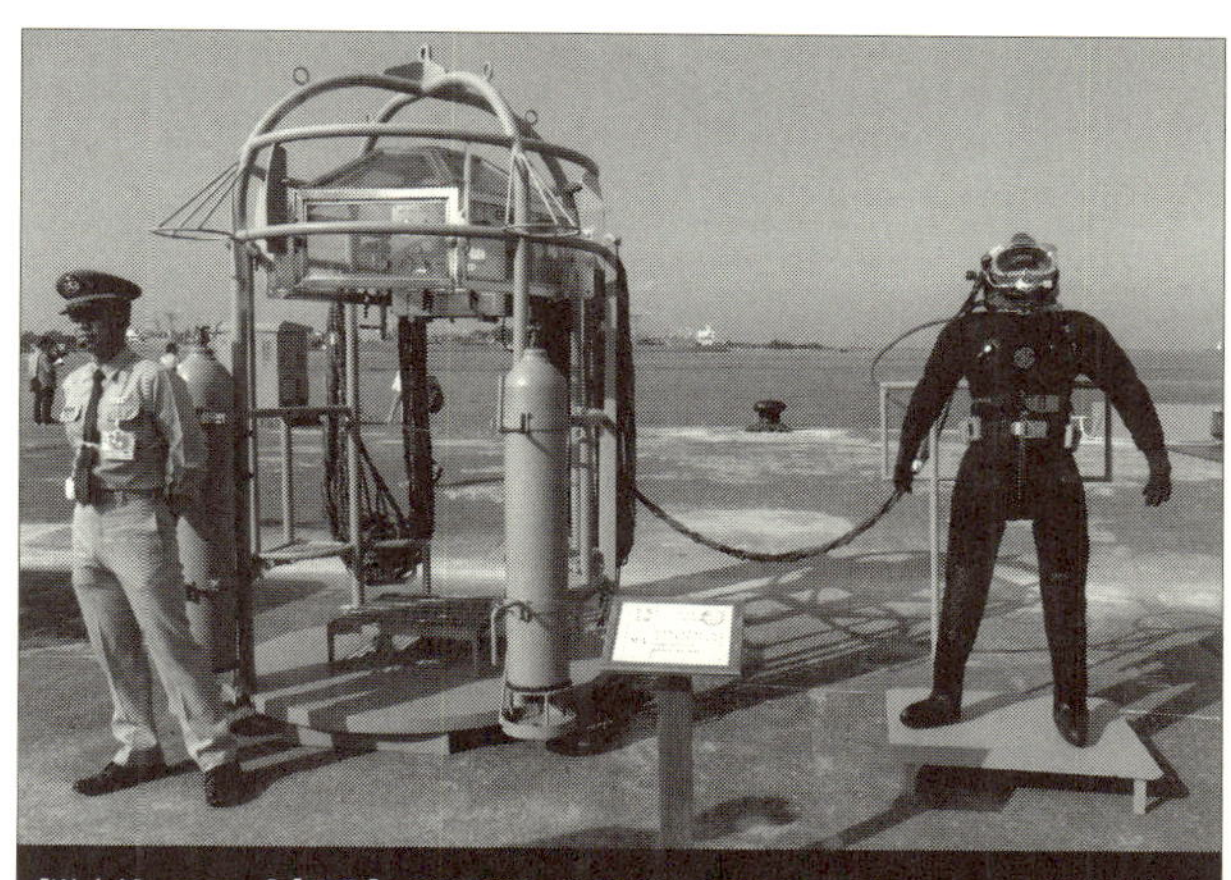

［潜水鐘　DATA］【開発】13世紀頃　※写真は台湾軍で使用されている潜水鐘（左）

潜水鐘の利点は下部が解放されているため、乗員が潜水鐘の底から直接海底に接触できる点で、窓から海底を見るだけではなく、実際に触れることができた。この特徴から、潜水鐘を**海底のトレジャーハンティングに使う者もいた**という。

ただ、潜水鐘は船に吊ってもらう必要がある上、構造上水圧が強すぎる深海では使えないため、それだけで海の全てを見て回るのは不可能だった。

潜水鐘はその後も道具として生き残り続け、20世紀に入ると**沈没した船から乗員を救い出す作業**に使われるようになる。戦前から戦後にかけてレスキューチェンバーと呼ばれる潜水鐘の発展型のような器具が開発され、**沈没した潜水艦からの乗員救助にも使用**されている。

特殊乗り物
NO.080
【深海への挑戦】
潜水球バチスフェア

人類は潜水鐘によって、限定的とはいえ浅い海底を観察する手段を手に入れた。しかし、それは海全体から見れば**あまりにも狭い範囲**であり、深海を観察するなど夢のまた夢であった。

最大の問題は**深海の水圧**である。水深1000メートルでは1平方センチあたりおよそ100キロの重さがかかる。下部が解放された潜水鐘では簡単に圧縮されてしまい、深く潜ることはできないのだ。

1928年、生物学者ウィリアム・ビービは、海底の動物を調査する方法がなくて困っていた。潜水服では深く潜れず、海底を底引き網でさらうと標本となる生物の体は破損する場合もあるし、そもそも**死体だけ見ても生きた姿がわからない**。

それを聞いた技師のオーティス・バートンは、潜水鐘と異なり、どの方向から圧がかかっても、等しく耐えられる**球の形をした潜水器具のアイデアを提案**する。そして完成したのが**「潜水球バチスフェア」**である。バチスフェアは鋼鉄の球の内部に酸素タンクと空気浄化装置を持ち、石英ガラスの丸窓がはめ込まれていた。ボルト止めされるハッチだけで150キ

[潜水球　DATA]【開発】1930年　【直径】1.5ｍ　【重量】2.5ｔ　【乗員数】2名

ロ、全体で2・5トンあった。ケーブルで支援船から吊り下げるのだが、電話線を通すことで船上と会話ができた。

ビービとバートンは1930年、このバチスフェアに乗り込み、**深度245メートルまでの潜航を成功させた**。

その後、バチスフェアは世界恐慌に直面し、資金難で最大のピンチを迎える。ところがここで、とんでもないアイデアで一気に状況を打開する。なんと**電話線を通じてラジオ深海生放送を行う**と発表して出資者を集め、資金を調達したのである。

2人は4年後の1934年には、**923メートル**まで潜水することに成功。他に深海に潜れる機械のない当時、これは空前の大記録で、実に1948年まで破られなかった。

特殊乗り物
NO.081

【世界最深部に潜る】潜水艇トリエステ

アメリカ

1931年、深海とは正反対の大気の上層部、成層圏に気球に乗ったある男が到達した。科学者にして冒険家の**オーギュスト・ピカール**である。これが**人類初の成層圏到達**である。だが、オーギュストには更なる夢があった。**前人未到の深海に挑戦し、その世界最深部に到達しよう**というのである。

その頃、世界でもっとも深く潜っていたのは、ビービとバートンの潜水球バチスフェアである。だが、潜水球はケーブルで吊り下げられているため、自由に動くことができなかった。

そこでオーギュストが考えたのが、ケーブルの代わりに比重が海水より軽い浮きで潜水球を支える方式である。これを**バチスカーフ**と名付けた。

だが、問題は浮きの素材である。中に空気を入れた容器では、空気は圧力で圧縮されやすいので水圧で潰されてしまう。空気のタンクが一度潰されてしまえば空気は逃げてしまい、浮力を失った潜水球は深海へ真っ逆さまに落ちていってしまう。しかし、潰れないよう浮きを分厚く作れば、今度は重過ぎて浮力を得られない。

そこで考え出されたのが、水より比重が軽く、**水圧では潰れないガソリンを容器に満たす**

[潜水艇トリエステDATA] 【開発】1953年 【全長】18.14m 【重量】約50t
【最高到達深度】1万916m 【乗員数】2名

方法だった。

オーギュストは試作機ともいえるFNRS-2をへて、より改良が加えられた**トリエステ号を完成**させる。

トリエステ号は後にアメリカに買い上げられて海軍所属となり、1960年、ドン・ウォルシュ大尉と、オーギュストの息子ジャック・ピカールが乗り込み、**世界一深いマリアナ海溝チャレンジャー海淵に見事到達**したのである。当時の計測で1万916メートル、**現在の計測で1万911メートル**であった。

極限の空と海を征服したピカール親子の名声は世界中に鳴り響いた。ちなみに**孫のベルトラン・ピカールも気球で無着陸世界一周を成し遂げた**（p166「ブライト、リング・オービター3」参照）実績がある。

特殊乗り物 NO.082

【天才監督の冒険】

ディープシー・チャレンジャー

オーストラリア

豪華客船の悲劇を描いた映画「タイタニック」などを監督した映画界の巨匠**ジェームズ・キャメロン**。実はジェームズ・キャメロンには**「探検家」**という肩書きもある。映画タイタニックの成功後、実際に潜水艇を使って本物のタイタニック沈没現場に潜航したエピソードは有名である。

深海を舞台にしたSF映画「アビス」を撮影したことでも知られているジェームズ・キャメロンは、いつか世界最深部に到達してみたいと夢見ていたという。だが、世界最深部マリアナ海溝のチャレンジャー海淵に有人で到達したのは**トリエステ号（180ページ）のみ**であり、決して楽な挑戦ではなかった。

そこでキャメロン専用機としてオーストラリアで特別に建造されたのが、**「ディープシー・チャレンジャー（DCV・1）」**である。ディープシー・チャレンジャーは他の深海潜水艇と異なり、**縦長な形状**をしている。これは潜航と浮上の速度を速くし、その分、海底にいられる時間を長くするためである。浮力材は微小なビーズを樹脂で固めたものである。水圧は広い面積に強くかかるので、小さな水圧しかかからない微小な中空の浮きを無数に集めて固

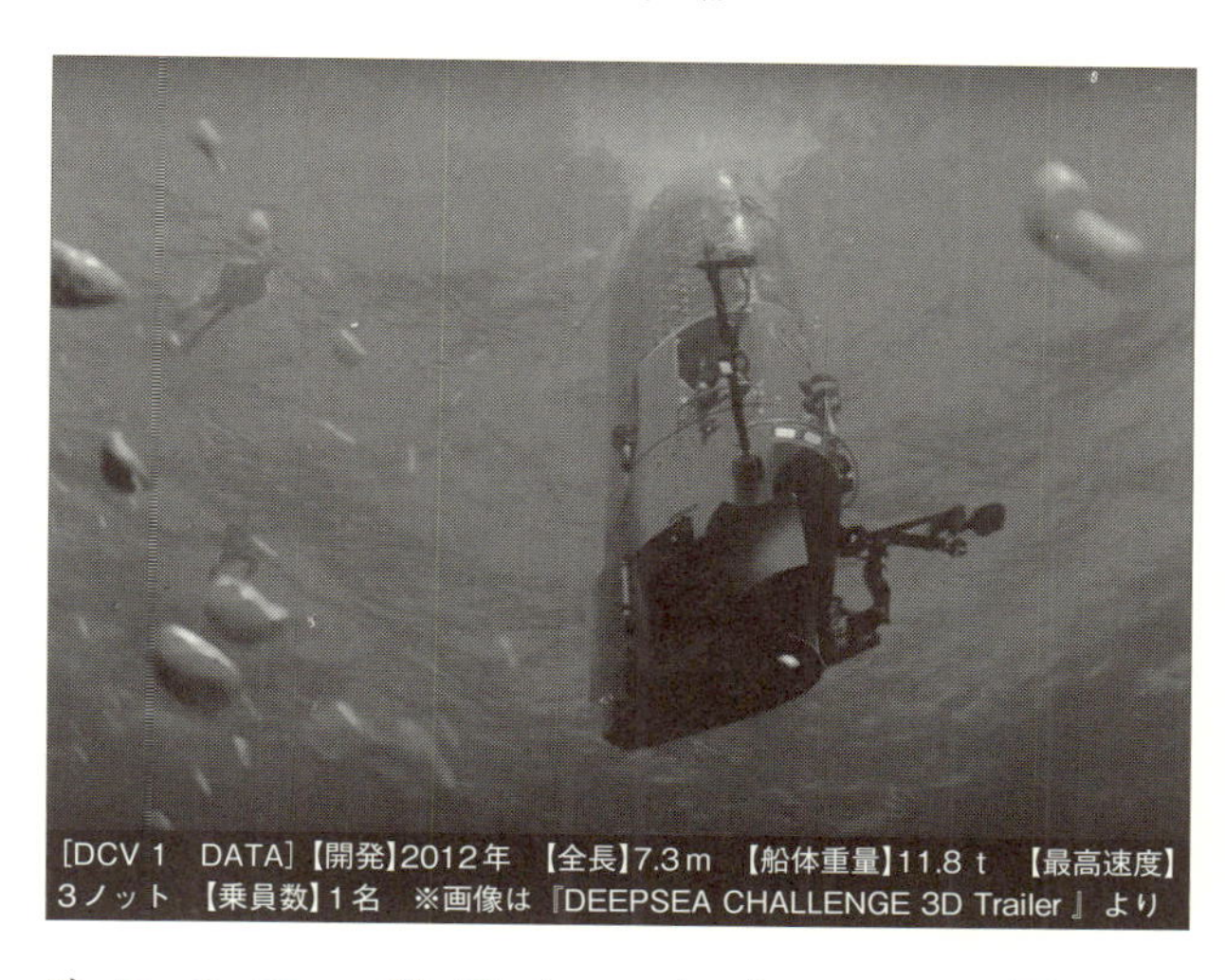
［DCV 1　DATA］【開発】2012年　【全長】7.3ｍ　【船体重量】11.8ｔ　【最高速度】3ノット　【乗員数】1名　※画像は『DEEPSEA CHALLENGE 3D Trailer』より

めることで水圧に強い浮力材としている。これは**日本のしんかい6500の浮力材と同じもの**である。高さは7メートルに達するが、キャメロンが乗り込む耐圧殻は直径1・1メートルしかない。

3Dカメラ搭載のロボットアームなど、各種観測機材も積み込み、ただ潜るだけでなく科学調査も可能だった。

2012年3月26日、キャメロンを乗せたディープシー・チャレンジャーは見事**チャレンジャー海淵に到達**し、**キャメロンは単独で到達した初の人間**となった。

ちなみに、ロボットアームには協賛企業であるロレックスの特注ダイバーズウォッチがはめられており、これも正常に機能していて、世界最深部に潜った初の実用腕時計となっている。

特殊乗り物
NO.083

【地球の謎を解明せよ】
地球深部探査船ちきゅう

日本

日本列島はとくに火山活動が活発な地域にあり、頻繁に大きな地震に見舞われる。これは他の国と比べてもかなり特異な特徴であり、日本で暮らすからには**地震をはじめ、海洋プレートで起きる現象を緻密に調査研究する**必要がある。

しかしながら、その調査は常識で考えてまったく不可能であった。何しろ調べたいのは海面下2000メートルの深海底の、そのまた海底下7000メートルの地底。だが、不可能を可能にする調査船が現れる。それが日本の**海洋研究開発機構**が所有する**地球深部探査船「ちきゅう」**である。

ちきゅうの船上には、海面からの高さ120メートルの櫓が立てられており、ここから海底めがけてドリルパイプという先端が掘削装置になったパイプを下ろすことができる。ちきゅうには船体と海底をつなぐ**ライザーパイプが2500メートル分**、海底を掘り進む**ドリルパイプが7000メートル分以上搭載**されており、トータルすると約1万メートルの長さに達する。このパイプを使ってサンプルの土を回収するのである。

掘削中に船体が動いてしまうとこれらのパイプが折れてしまうので、船首と船尾にそれぞ

［ちきゅう　DATA］【開発】2005年　【全長】210ｍ　【高さ】130ｍ　【最高速度】12ノット　【乗員数】200名

れ3基づつ、**アジマススラスター**という水流の噴出方向を自由に変えられるスクリューを装備しており、多少の風や潮流では、一度設定した位置から船体を動かさないように自動で調整可能である。

ちきゅうはさらに合計8基もの発電機を装備。**人口3500人の街をまかなえるほどの発電量**があり、それで最新の科学調査機器を動かす。これほどの高性能調査船は世界でもまれで、**世界中からちきゅうで研究したいという科学者の申し入れが殺到し**ているのだ。

余談だが、人々を地震災害から守るために建造されたこの探査船ちきゅう、東日本大震災の際に、ちきゅうを見学中に**津波に遭遇した小学生たちを一時的に保護**する、という活躍を見せている。

特殊乗り物 NO.084

【世界初の自動車誕生！】

キュニョーの砲車

フランス

水を沸騰させて水蒸気にすると、その体積は1000倍以上になる。鉄でできた頑丈な密閉容器の中で水を沸騰させ、逃げ口を設けてやればそこから高圧の水蒸気が噴き出してくる。その圧力でピストンを動かせば機械の動力源となる。これがすなわち**蒸気機関**である。

18世紀後半、イギリスの技術者ジェームス・ワットが新式の蒸気機関を考案すると、蒸気機関は馬や水力に変わって工場の動力源として瞬く間に普及した。

この発明は**重工業の勃興と進歩をもたらす、極めて重要なもの**だった。そして、この蒸気機関が生み出す回転力で車輪を動かし、「馬に替わって車を引かせられないか」という発想をする人物も現れるのである。

フランスの技術者**ニコラ・ジョゼフ・キュニョー**は、蒸気機関を使えば重い荷物でも馬のように疲れることがなく運べる、新しい運搬手段ができると考えていた。その考えが軍事力を強化したい政府の思惑と一致し、**世界初の大砲牽引車**が試作される。

これを**「キュニョーの砲車」**という。

キュニョーの砲車は全長は7メートル（2号車）、車体前部にボイラーを積み、そこで発

［キュニョーの砲車　DATA］【製造】1769年　【全長】7.25ｍ　【重量】2.8ｔ　【最高速度】9.5km/h　【乗員数】4名　※写真はパリ工芸博物館所蔵の2号車

生した高圧蒸気でピストンを動かし車輪を回した。キュニョーの砲車はまぎれもなく**世界初の自動車であり、世界初の大型トラックでもあった**。

もっとも、その速度はお世辞にも速いとは言えず、**最速で時速9キロ**、通常時の速度は**時速3キロ程度**だったようである。また、蒸気の元となる真水を、十数分に一度停車して補給しなければならないなど、実用性には問題があった。

あくまでも実験的な車両であり、今後の発展の可能性もあったが、現状では馬よりはるかに劣っていたため、**2号車が作られたところで試験は終了**してしまった。

ちなみにキュニョーの砲車は、運転中に壁に衝突する事故を起こした事がある。これこそまさに、**世界初の自動車事故**である。

【乗り物よもやま話4】

アポロ12号！　男達のズッコケ月面旅行

人類の歴史に燦然と輝くアポロ11号の月面着陸。しかし、アポロ計画で月面に降り立ったのは11号だけではない。実はアポロ計画は17号まで実行されている。今では11号以外に関心を持つ人は少ないが、12号もまた、興味深いエピソードを多く残している。

12号の乗組員はピート、リチャード、アランの3人で、着陸船に搭乗したのはピートとアランの2人だった。11号が国家の威信をかけたシリアスな物だったのに対し、12号の着陸はなにやら様子が異なっていた。「これは小さな一歩だが人類にとっては偉大な飛躍だ」と、11号のニール・アームストロングは名言を残したが、12号のピートは「ニールにとっては小さな一歩だが、チビの俺には偉大な飛躍だ」とギャグをかましながら月面に降りた。また、ビーンが初のカラー中継用のカラーテレビカメラをいじくっている間に壊してしまうというヘマもやらかしている。予備搭乗員がイタズラで宇宙服に装着するマニュアルにポルノ写真の縮小コピーをまぎれ込ませていたため、ピートとアランは人類で初めて月面でポルノを見た男になった。その写真には「何か興味深い丘や谷は見える？」といった下ネタが添えられていた。ちなみに月軌道上でリチャードが1人待機していた司令船には、ヌード写真のカレンダーが隠されていた。12号でもまた、数々の「人類初」が成し遂げられていたのである。

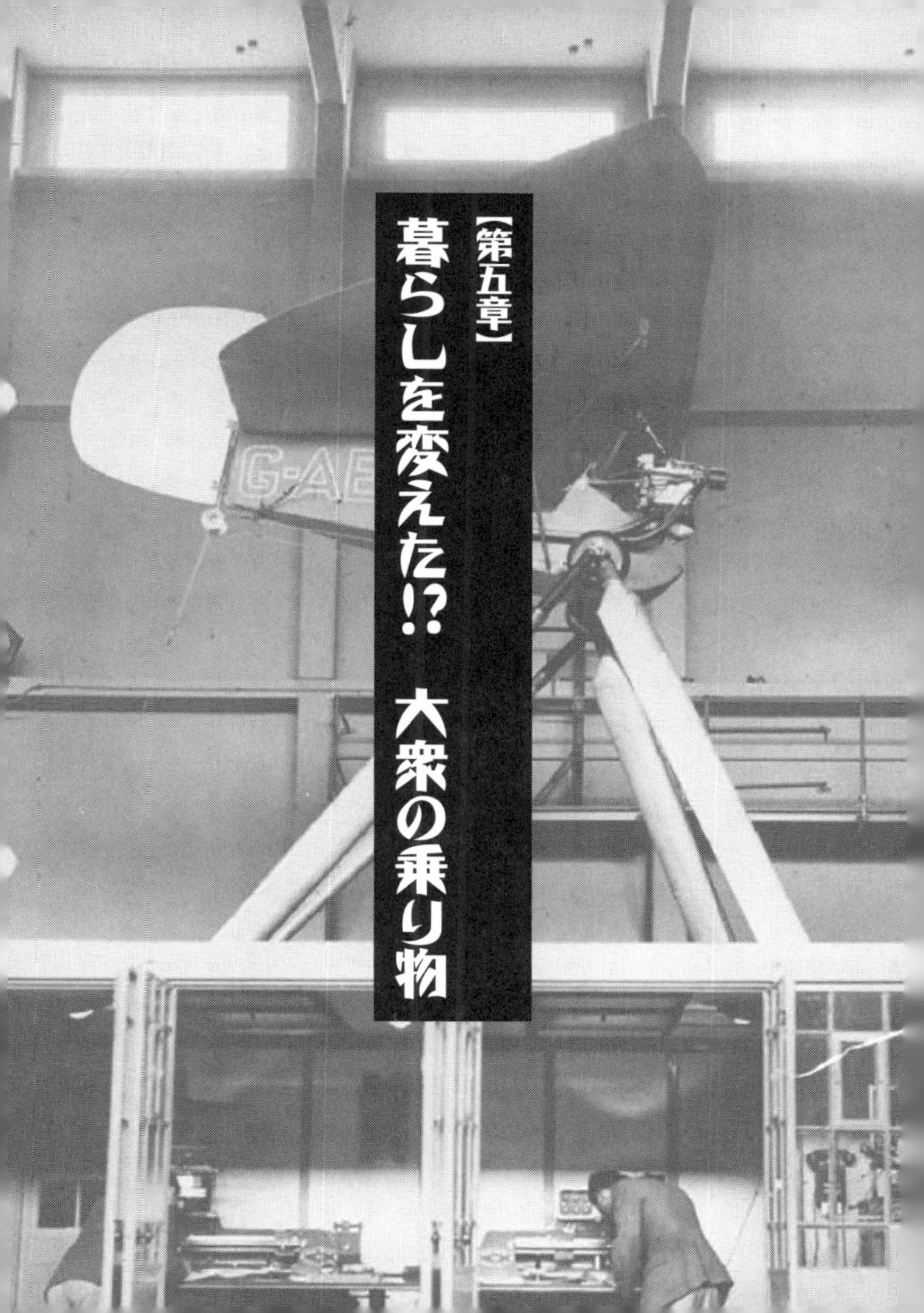

【第五章】暮らしを変えた!? 大衆の乗り物

特殊乗り物
NO.085

【夢の民間用水陸両用車】アンフィカー

暗い戦争の時代も終わり、平和な時代が訪れ経済が復興してくると、人々の生活も徐々に豊かになり、レジャーを楽しめるようになってくる。

そこでドイツ企業グループのクヴァントは、生活の足というだけではなく、レジャー用の実用性より楽しさを重視した自動車の需要が生まれると考え、**世界初の民間用水陸両用車**の開発を始める。

そうして誕生したのが、**「アンフィカー」**である。

アンフィカーとは**アンフィビウス（水陸両生）・カー（車）の略**である。コンセプトだけでなく、デザインもなかなか良く、道路を走っている姿は小洒落た乗用車という感じで一見水陸両用車に見えないが、車体後部にはスクリューが取り付けられている。

エンジンは車体後部に収まっており、水に入る際は**トランクやドアをしっかり閉めて、さらに密閉用のネジを回すと浸水を防げる**ようになる。陸上では最高時速は112キロほど、水上では11キロ程度は出たようである。水上でも舵は前輪を操舵してとっていた。

アンフィカーは1961年から生産が始まり、全部で4000台がつくられた。

ドイツ

［アンフィカー　DATA］【開発】1961年　【全長】4.3m　【重量】1.05 t　【最高速度】112km/h（陸上）、11km/h（水上）　【乗員数】4名

これは特殊な自動車としては多く見えるが、市販車としては多いとは言えない。在庫処分のために安売りもされたと言われており、売れた車種とはいいがたい。そもそも当初の需要の見込みを過大に見積もりすぎた面もある。**一般庶民はさほど水陸両用車を求めていなかった**ということだろう。

生産された車両の大半はアメリカに輸出されたが、そのアメリカで**環境保護局と運輸省の規制**に引っかかってしまい、1968年からは輸出できなくなる。

ここでアンフィカーの命脈は絶たれたのだが、**乗って楽しい車であるという事実は揺るぎない**。

現在でも根強いファンがおり、時折集会を開いては自慢の愛車を湖に浮かべて楽しんでいる。

特殊乗り物 NO.086

ヤマハＯＵ32

【新しいマリンスポーツの夢】

日本

船が高速で航行しようとした場合、**最大の障害が水の巨大な抵抗**である。色々な高速艦艇が、さまざまな船体の形を工夫してこの抵抗を受け流そうとしてきたが、一番確実で単純な方法は、そもそも**船体を水につけないようにすること**である。

そこで考え出されたのが船体の底から水中に翼を突き出して、そこから発生する揚力で船体を持ち上げてしまうという構造の船、すなわち**「水中翼船」**である。水中翼船は一部の軍用ミサイル艇のほか、航路を結ぶ高速フェリーに使われることが多い。

日本経済が絶好調だった80年代末頃、ヤマハ発動機のマリン部門は、まったく新しいマリンスポーツ用の小型水中翼船を開発し、東京国際ボートショーに出展した。

それが**「ヤマハＯＵ32」**である。

ＯＵ32は**2人乗りの小型の船体に強力なウォータージェットを搭載**し、水を噴射して前進する。通常のボートのような丸いハンドルではなく、**ハンドルバーで水中翼を操作して操船**する構造で、重心位置の高い姿勢もあって、高速走行中でもバイクのように船体を倒して急角度で曲がることができた。

［ヤマハ OU32　DATA］【開発】1988年　【全長】4.8m　【最高速度】60km/h　【乗員乗客数】2名　※写真は「Kazi」（2000年1月号）より

ただし、バイクや自転車と同じように、そのバランス感覚に慣れるまでは、ある程度転倒しながら練習しなければならなかったようだ。

もっとも、座席は完全に密閉されたキャノピーで覆われており、転倒したからといってずぶ濡れになったり水没したりする心配はない。

OU32はこのように実に魅力的なボートだったが、この後、**日本のみならず先進国の経済全体が低迷期に入ってしまった**ため、レジャー用のコンセプトモデルを実際に販売する商品として、製品化するのは難しくなる。

結局、OU32も発売されることはなく、**バブル期のコンセプトモデルで終わってしまう**のである。

特殊乗り物
NO.087

【爆走する幼児靴】
ブルッシュ モペッタ

ドイツ

　第二次大戦後、本土の被害が比較的軽微だったアメリカを除いて、欧州各国は戦勝国も敗戦国も大きな打撃を受けていた。庶民も皆貧しく、今のように庶民でも自動車が買えるというわけにはいかなかった。

　そこで、庶民の足として注目されたのが**「マイクロカー」**と呼ばれる超小型自動車である。特にこの時代のマイクロカーは全長が短くまるっこいデザインのものが多く、車体のわりに窓が大きいので**バブルカー**と呼ばれることもある。

　マイクロカーの利点は価格を安く抑えられること、税金が安くすむこと、狭い都市部でも扱えることなどである。大戦中に航空機を作っていたメーカーが、その技術を応用した軽量な車体を設計することもあった。

　ドイツの技術者**エゴン・ブルッシュ**は、1956年にフランクフルトで行われる国際オートバイ展示会で**「世界最小の車」**を発表するため、奇妙な小型自動車を作り上げる。それが**「ブルッシュ モペッタ」**である。

　モペッタは三輪で1人乗り、フレームの上からグラスファイバー製のボディをかぶせると

［ブルッシュ モペッタ DATA］【開発】1956年 【全長】1.76m 【重量】89kg
【最高速度】45km/h 【乗員数】1名

いう構造で、エンジンは50cc。面白いことにエンジンは**座席の前でも後ろでもなく左側**に乗せられており、**草刈機のように引綱を引っ張って始動**した。最高速度は**時速45キロほど**であった。

どうも見ても遊園地の遊具のようにしか見えないが、もちろん公道を走行することも可能で、車体が小さいせいか時速45キロでもなかなか速く見える。また、後年製作されたレプリカを走らせているマニアもいるようである。

このように現代人が遊びで持つ分には極めて魅力的な車だが、乗り物としては高性能とは言えなかった。当時、いくつかの企業からブルッシュに製品化の打診などがあったそうだが、結局、**14台しか生産されなかった**ようだ。

特殊乗り物
NO.088

【美しき失敗作】
フジキャビン

日本

欧州でマイクロカーがブームになっていた頃、日本も貧しく、また物資も不足しており、欧州と同じく庶民が自動車を買うのは難しかった。

自動車メーカーの**富士自動車**は、庶民でも買える自動車としてマイクロカーの開発を始める。設計を行ったのは技師で画家の**富谷龍一**。富谷はかつて小型自動車フライングフェザーの設計を手がけたが、これは商業的に失敗に終わっていた。だが、富谷は**庶民にも買えるシンプルな自動車を設計する**という揺るぎない信念を持っており、大衆車の開発を続けたのだ。

こうして1955年に完成したのが、**「フジキャビン」**である。フジキャビンは2人乗りの三輪車で、エンジンの馬力は現代の原付スクーター並みの5・5馬力しかなかった。そのかわり**世界で初めてボディのモノコック構造全体にFRP（繊維強化プラスチック）を使用**しており、車体は非常に軽く、重量は130キロほどしかなかった。パワーのなさを車体の軽さで補おうというのである。

そのデザインも美しく、同時にユーモラスで愛嬌があるものだったが、結局、この車はほとんど売れなかった。

［フジキャビン　DATA］【開発】1955年　【全長】2.95m　【重量】130kg　【最高速度】60km/h　【乗員数】2名　（写真提供：トヨタ博物館）

問題の多くはやはり簡素すぎる点にあった。物がなかった当時とはいえ、**あまりにも何もついていなかった**のだ。

もともと屋根付きのスクーターのような車をコンセプトに作られていたが、事実上まったくその通りのものだった。**冷暖房が一切ついていない**ため、車内は夏は暑く、冬は寒かった。普通の自動車よりも価格は安かったが、乗り心地で劣っており、スクーターより高価だった。まさに**帯に短し襷に長しといった車**だったのだ。

そもそも、当時の技術ではFRP製ボディは大量生産できず、仮に大量注文がきても生産は不可能という面もあった。

フジキャビンは安価でシンプルな庶民の友を目指したが、理想が高すぎたゆえに成功しなかった車なのである。

特殊乗り物 NO.089

【最小の輸送トラックの大活躍】

M274トラック

アメリカ

朝鮮戦争が始まる頃、アメリカ軍はある奇妙な問題を抱えていた。

当時アメリカ軍が装備していたもっとも小型の輸送車両は、いわゆるジープである。

しかし、道幅が狭い密林地帯では自由に走ることができず、だからといって、大砲など重い荷物を人力で運ぶのは非効率的で、現実問題として不可能だった。

荷物の輸送に**ジープでは大き過ぎ、人力では非力過ぎる**。

この問題を解決するために、ジープの生産を行っていたウィリス・オーバーランド・モータースは、**思い切った超小型輸送トラックの開発**に乗り出す。そうして完成したのが**「M274メカニカルミュール（機械のラバ）」**だった。

M274は使用目的にあわせて、じつにドライに機能の取捨選択をしている。車体はほとんどイスのついた台車で、サスペンションすらついていない。メーターなどの計器類もない。**ハンドルとレバーとペダルだけ**である。一方で駆動系は四輪駆動で、通常のトランスミッションに加え、さらにハイとローの二段階を選べた。しかも四輪操舵で小回りが利いた。M274は大量生産され、実戦に投入されたベトナム戦争では、密林で重量物を運んで

[M274トラック　DATA]【開発】1956年　【全長】3m　【重量】361kg　【最高速度】40km/h　【乗員数】1名

大活躍したそうである。

そして戦争が終わり、これでM274もお役御免になるかに見えた。ところが、戦争後に民間に払い下げられると、**人々が先を争って購入した**のである。

小型でたくさん荷物を積め、泥濘も坂もドンとこいのM274は、釣りやキャンプなどアウトドアを楽しむ趣味人たちにとって、**まさに夢のマシン**だった。なにしろM274なら、重いキャンプ道具を、鼻歌まじりに山奥まで運ぶことができるのだ。

また、ミリタリーマニアにとって、もっとも手ごろな軍用車であった。そのため欲しがる人は後を絶たず、**払い下げ車両が大人気となった**のである。

現在でもその人気は衰えず、実働車が取引されている。

特殊乗り物 NO.090

【労働者の頼りない味方】

リライアント ロビン

イギリス

1970年頃になると、日本だけでなく**イギリスでも庶民が乗用車を買える**ようになってきた。だが、特に階級社会が根強く残るイギリスでは、上流階級が高級車に乗る一方、**労働者階級は少しでも安上がりな車に乗るしかなかった**。

イギリスは免許制度と税制で日本と違い、三輪車両をバイク扱いとする制度があった。三輪車両は普通の乗用車に比べて、免許の取得や税金の面で比較的安くすむため、**庶民の足として三輪の乗用車が生み出される**こととなる。

そうして発売されたのが、三輪自動車メーカーの**リライアント社**が作った**「ロビン」**である。ロビンは鉄製のシャーシにFRP製のボディで構成されており、エンジンは32馬力とさほど強力ではなかったが、車重が約450キロと通常の乗用車の半分ほどであったため、パワーが不足することはなかった。

ロビンは開発当初の狙い通り、特に**労働者階級に愛用される**ことになる。

冬の寒さが厳しいイギリスでは、いくら安いからとはいえバイクで仕事場に向かうのは非常に苦痛である。

［ロビン　DATA］【開発】1973年　【全長】3.3ｍ　【重量】450ｋｇ　【最高速度】137km/h　【乗員数】4名

しかし、安い給料では乗用車は高嶺の花だった。そこで、バイクの免許で運転できるロビンが重宝されたのである。ロビンはちゃんと屋根や窓がついているので、冬でも寒くはない。しかも比較的価格が安いのだから、人気を呼んだのだ。

しかし、ロビンには欠点もあった。

三輪車に共通する欠点ではあるが、とにかくコーナリング時の安定性が悪く、**バランスを崩して横転する事故をよく起した**。この欠点はコメディでネタにされるほど有名で、**転倒を防ぐために座席におもりを乗せてバランスをとる**という小技まで存在するらしい。

それでもロビンは愛され続け、とっくに生産が終了した現在でも、イギリスには熱心なオーナーズクラブが存在する。

特殊乗り物
NO.091

【愛された「出来の悪い子」】
プー・ド・シェル

フランス

飛行機の役割は実用だけではない。

車やバイク、船などが仕事だけではなくレジャーにも使われるように、空を飛んで楽しむスカイスポーツもまた、飛行機が作られる目的の一つである。

１９３４年、フランスの技師**アンリ・ミニエ**は、一般の人々でも手軽にスカイスポーツを楽しめるようにと、自作の小型飛行機を公表する。これが**「プー・ド・シェル（空飛ぶノミ）」**である。

プー・ド・シェルは1人乗りの小型機であり、翼幅が8メートルしかない。複葉機のようにも見えるが、下側の主翼が大きく後ろにずれて取り付けられている、いわゆる**タンデム翼**で、**翼全体の角度を変えて操縦する仕組み**だった。

ミニエは企業の製品としてプー・ド・シェルを作ったのではなく、個人の発明家として小型飛行機の製作を手がけ、その図面を自費出版したりしていたようである。その彼が集大成として発表したのがプー・ド・シェルだった。

プー・ド・シェルは奇妙な機体だったが**実際に飛行に成功したことで人気が沸騰**し、ミニ

［プー・ド・シエル　DATA］【開発】1933年　【全長】4.27ｍ　【全幅】6.1ｍ　【重量】186kg　【最高速度】138km/h　【乗員数】1名

エの図面を元に「自分でも飛行機を作ってみよう」というアマチュア飛行家が世界中に現れた。日本では日本飛行機株式会社という会社が製造権を購入し、**「雲雀Ｉ型」**として12機生産している。

しかし、プー・ド・シェルのタンデム翼には重大な欠陥があった。

ある角度より深く急降下した際、**機首を持ち上げることができなくなり、そのまま墜落してしまう**というのである。そもそもプー・ド・シェルは機体が特殊だったため、他の飛行機と比べると操縦の感覚が違い過ぎたという面もあったようだ。

しかし、改良が進んだことと、大勢のファンがいたことからその命脈を絶たれることなく、プー・ド・シェルの子孫たちは第二次大戦後も作られている。

特殊乗り物 NO.092

【スポーツ用自転車の始祖】

ペニー・ファージング自転車

イギリス

自転車はもっとも身近な乗り物のひとつであり、現在では見ない日はないというほど普及している。もともと自転車は**ドライジーネ**という、フレームに車輪だけがついたものにまたがって、地面を足で蹴って進む乗り物だった。ドライジーネはあくまで個人の発明家が作った運動器具のようなもので、乗り物として一般に普及したわけではない。自転車が乗り物として親しまれるようになったのは、かなり後のことである。

漕いで進む自転車が生み出された初期の頃、現在のようなペダルの回転をギヤに伝え、チェーンを介して後輪を回すような精密な機構は作ることができなかった。自転車のペダルは現在の三輪車のように前輪に直接装着されていたり、幼児の足こぎ車のように、ペダルを踏み込んで車輪を回転させるものもあった。

そのような中で、本格的なスポーツ用自転車として19世紀の後半にイギリスで登場したのが、**「ペニー・ファージング自転車」**である。ペニー・ファージングとは**「1ペニーコインと1／4ペニーコイン」**という意味で、その前後輪の極端な直径差からきている。自転車用変速機などない当時、ペダル1回転あたりの速度を増すには、**駆動輪の直径を大きくするし**

［ペニー・ファージング自転車　DATA］【開発】1870年頃から　【乗員数】1名

かなかったのだ。そのためペニー・ファージングは、思い切り脚を伸ばしてもペダルにギリギリ届く程度という、**巨大な前輪**を持っていた。姿は奇妙だがその走りは爽快で、高い視点で風のように進む乗り味は素晴らしいものだったという。

しかし、指摘するまでもないことだが、ペニー・ファージングには**「絶対に足がつかない」という致命的欠点**がある。風のように走ることはできたが、**いちいち降車しなければ止まることができない**のだ。また、乗車する位置が高いペニー・ファージングは転倒時に大けがをする危険があった。

現代の自転車と比べると乗りにくいペニー・ファージングだが、独特な乗り味から熱心なファンがおり、現在でも愛好家同士でレースなどが行われているようである。

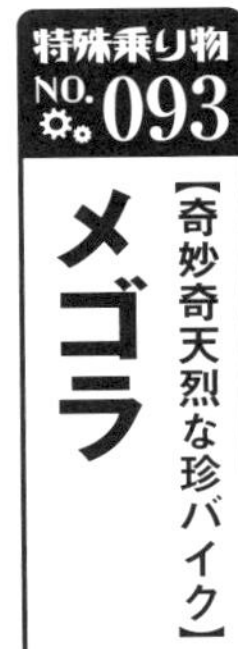

特殊乗り物
NO.093
【奇妙奇天烈な珍バイク】
メゴラ
ドイツ

バイクといえば、車体中央にエンジンを載せて、チェーンなどで後輪を回して走るものと相場は決まっている。

ところが１９２０年代のドイツには、根本的に異なる駆動方式を採用した珍車が存在していた。これが**「メゴラ」**である。

メゴラは５気筒６４０ｃｃという、バイクにしては奇妙なエンジンを載せているが、じつはこれ、**プロペラ機によく使われる星形エンジンの小型版**なのである。

さらにこのメゴラ、エンジンを載せている場所はボディではない。

エンジンを載せているのは**前輪のホイールの中**、しかもエンジンから出ている軸ではなく、**エンジン本体が回転**する、第一次大戦の複葉機によく見られた**星形ロータリーエンジン**である。**タイヤもろとも星形エンジンが高速回転**し（エンジン６回転につき、タイヤ１回転）、**前輪駆動で走行**するという奇怪極まる構造のバイクであった。エンジン本体が回転することで、前輪をも回転させて走るというバイクは現代ではまったく例がない。

その始動方法も独特で、スタンドを立てて前輪を手で持って勢いよく回すか、押しがけで

［メゴラ　DATA］【開発】1921年　【最高速度】140km/h　【乗員数】1名

始動させるというものだった。クラッチなしで駆動部分が直結しているので、一度走り出したメゴラを止めるには**エンジンを停止するしかなかった**。エンジンを止めたくないならば、その場でくるくる旋回していれば、一時停止はできそうではある。

このような破天荒なバイクだが、**時速140キロと当時としてはかなりのスピードを出すことができた**。そのスピードを活かして、バイクレースで優勝をさらったこともあるようだ。

現代ではこのようなバイクは見られないが、電動バイクが普及する未来には、**ホイールにモーターを内蔵するインホイールモーターが主流になる**と見られている。その際は、このメゴラのような前輪駆動のバイクも珍しいものではなくなるだろう。

特殊乗り物 NO.094

【スクリューで走る珍車】

フォードソン・スノーモービル

アメリカ

皆さんは**アルキメディアンスクリュー**という装置をご存知だろうか。これは螺旋構造の筒を回転させることで、螺旋が巻き込んだ物体を移動させる装置である。たとえば、パイプの中にアルキメディアンスクリューを設置して回転させれば、**低所から高所に水を運び上げるポンプ**となる。

20世紀のはじめ、世界初の大衆向け自動車として知られるT型フォードを売り出し、莫大な富を築いた**フォード自動車**は同時期、農業用トラクターの販売も始めており、そのブランドを**フォードソン**といった。

この当時、雪深い地方での移動には困難がつきまとっていた。この頃のアメリカでの庶民の足といえば馬だったが、脚が細い馬では雪に埋まってしまい進めなくなる。乗用車もいまでいうクラシックカーの時代であり、現代のオフロード車のようにはいかなかった。

そこで1926年、フォードソンF型トラクターに、アルキメディアンスクリューを取り付けた新型の乗り物が試作された。アルキメディアンスクリューは滑りやすい泥濘や雪原の上で回転させれば、水を運ぶのと反対に**スクリューの方が滑って前進してゆく**。また、太い

［フォードソン・スノーモービル　DATA］【開発】1929年　【乗員数】1名

円筒であるスクリューは雪に埋まり込むこともない。

フォードソン・スノーモービルは、当時の映像を見るかぎり、**ある程度平坦な雪原であれば極めて軽快**に走り回り、左右のスクリューの回転を調整することで**戦車並みに旋回**することもできたようだ。

馬が胴体まで埋まるような深い雪でも、沈み込むことのないこのマシンには無関係だった。これと同じスクリューを乗用車に取り付けることもできたようである。

だが、結局スクリュー駆動の乗り物がメジャーになることはなく、その後も同様のスクリュー式の車両がいくつか作られたが、**マイナーな乗り物の域を出ていない**。通常の地面では車輪に大きく劣ることなどが問題なのだろう。

特殊乗り物
NO.095
【流氷の海を砕く】
ガリンコ号
日本

流氷におおわれた海は、普通の船では航行することが困難である。

そこで、行く手を阻む氷を打ち砕くために作られたのが**砕氷船**である。砕氷船にはいくつか種類があるが、船首を固く作って大馬力で踏み破る方法が基本である。しかし、これでは小型船は薄い氷を少しずつしか砕けず、効率が悪い。

１９７２年、ある実験船が就航した。

三井造船が、資源の眠るアラスカの氷海上でも行動できる**水陸両用艇として開発したAST・001**である。この船の最大の特徴が航行用の装置に**アルキメディアン・スクリュー**（p２０８「フォードソン・スノーモービル」参照）を採用したことで、氷を引っ掻き、砕くと同時にその力で前進することができた。

これを大型化した本格的な実験船が**「おほーつく」**である。

おほーつくは4本のアルキメディアン・スクリューを使い、流氷の海をガリガリと砕きながら航行することができた。この船の試験は北海道の紋別で行われ、データ収集後、「おほーつく」が現地に残された。これを整備し直し、観光船に転用したのが、**流氷観光船「ガリン**

© あごちくわ
［ガリンコ号　DATA］【開発】1987年　【全長】24.9ｍ　【容積】39ｔ（総トン数）
【巡航速度】4ノット　【乗員乗客数】70名

コ号」である。

ガリンコ号は流氷接岸の季節になると観光客を乗せて出航、氷の海をものともせずに走り回り、乗客を楽しませた。

美しい流氷をたっぷりと堪能できるガリンコ号のクルーズは好評を博したが、問題もあった。元来が実験船であり、観光用に造られていない。乗客が冷たい海風にさらされるなど**乗り心地は快適とはいえなかった**のだ。

そこで、はじめから観光用に設計された二代目**「ガリンコ号Ⅱ」**を就航させる。ガリンコ号Ⅱは乗客が暖かい船内から景観を楽しめるようになり、定員もガリンコ号の70名からⅡの195名へと大幅に増やす事ができた。

現在もガリンコ号Ⅱは運航中である。

特殊乗り物 NO.096

【幻と消えた未来交通の夢】フェアリー ロートダイン

「未来の乗り物」。この言葉はかつての児童向け雑誌に幾度も登場し、数々の想像図がちびっ子たちをときめかせたものである。だが、未来の世界を描いていたはずのそれらの多くが、**今では郷愁をさそう過去**になってしまっている。

1952年、イギリスの航空会社BEAは、**都市から都市を最短距離で結ぶ「空飛ぶバス」の開発**を航空機メーカーに打診する。

その要求とは、滑走路の整備が不要で、都市の中心部に発着場が作れる垂直離着陸機で、40名程度が乗れる中型旅客機、というものだった。目指したのは、**一般利用客が電車やバスに乗るように気軽に乗れる交通機関**であった。これが実現すれば、最小限のインフラ整備で、しかも速く、ひとっ飛びに遠く離れた街まで出かけられる、まさに未来の乗り物になると思われた。

この要求に応えて手を挙げたのが、イギリスの航空機メーカー、フェアリー社である。

フェアリー社はそれまでの実験機の経験を元に**「ロートダイン」**を作り上げる。

離陸時は回転翼の先端にある噴き出し口からのジェット噴射で大型ローターを回転させて

[ロートダイン　DATA]【開発】1957年　【全長】17.88ｍ　【全幅】14.17ｍ　【重量】9.9ｔ　【最高速度】307km/h　【乗員数】42名

垂直に離陸し、そのまま前進して速度が上がってきたら回転翼への圧縮空気の供給を切り、空転させながら主翼のプロペラで進むという、**飛行機とヘリとオートジャイロの良いとこ取りの機体**であった。その斬新な姿は、未来の生活の想像図に幾度も描かれた。

ロートダインは性能自体は要求を満たしていたものの、**騒音という課題**があった。都市部で使えないほど、音がうるさかったのである。実用化に向けてその改善が急がれたが、そんなときに政府の判断で国内のヘリコプターメーカーが統合されてしまう。フェアリー社の手を離れたロートダインは**「他社が作った機体」**として冷遇され、ついには**実用化されることなく解体されてしまった**のである。

特殊乗り物 NO.097

【夢の民間用垂直離着陸機】

ヴァンガード オムニプレーン

アメリカ

1959年、アメリカはペンシルベニア州で、2人の航空機設計技師が新会社を設立する。**ヴァンガード・エア・アンド・マリーン社**である。

創設者のエドワード・バンダーリップとジョン・L・シュナイダーの2人は、かの**パイアセッキ**の会社で働いたこともある設計者であった。彼ら2人の目標はただ一つ、軍事用ではない万人のための、**民間用垂直離着陸機を作り上げること**だった。

垂直離着陸機はその技術的難易度の高さから、莫大な研究開発費が必要で、軍用を視野に入れて公的な支援を受けるのが普通だった。だが、ヴァンガード社の2人は、あえて**自分たちの力で自分たちの理想の飛行機を作ること**にこだわった。

その試作品が**ヴァンガード2C〝オムニプレーン〟**である。

オムニプレーンは**翼の中にダクテッド・ローターを埋め込んだ独特の構造**をしていた。

離着陸の際はこのダクテッド・ローターを回転させて垂直方向に移動、尾翼のダクテッド・ローターを回転させて前進する。

試作機には装備されていないが、完全に水平飛行に移行した際はダクテッド・ローターを

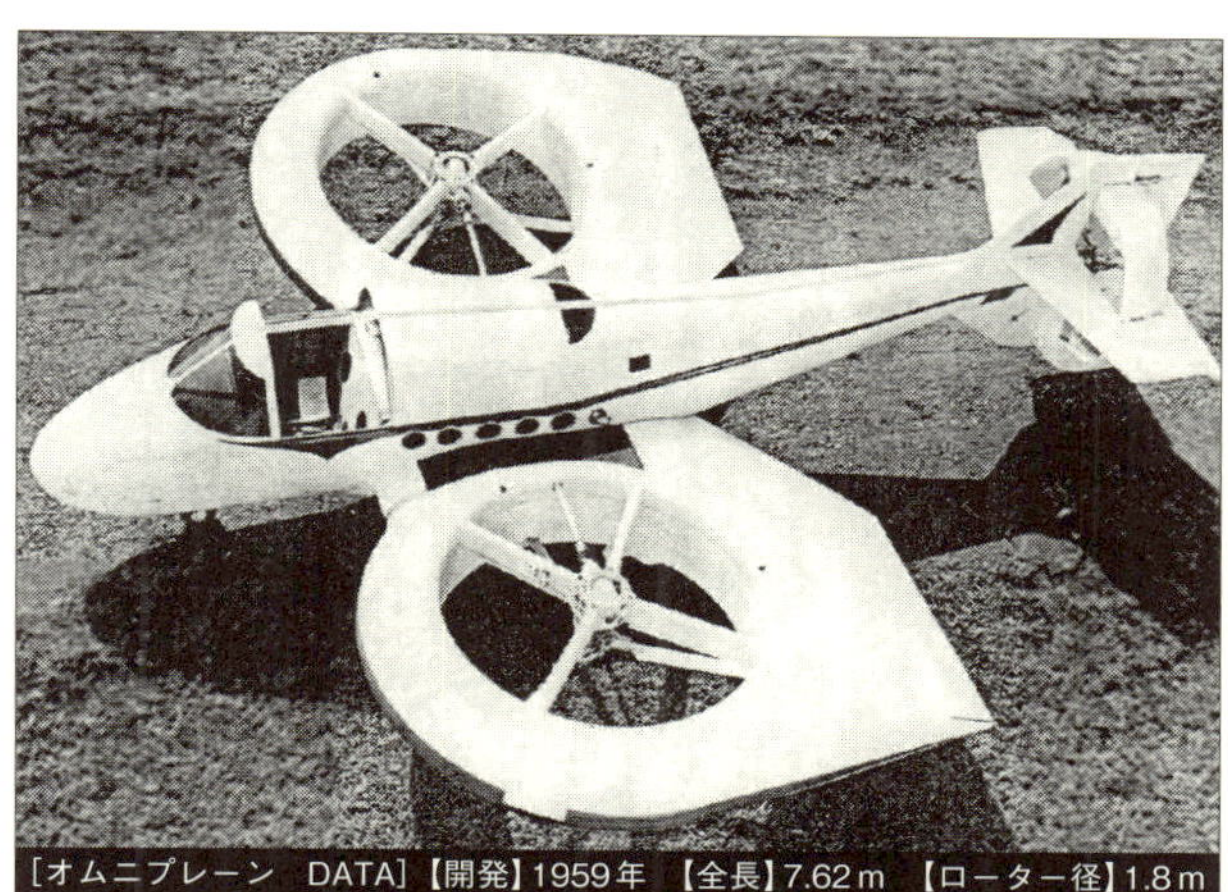

［オムニプレーン　DATA］【開発】1959年　【全長】7.62m　【ローター径】1.8m
【最高速度】500km/h 前後（計画により異なる）　【乗員数】2名

扉で閉じて、平滑な主翼にして通常の飛行機として飛ぶことができる予定だった。

だが、この機体に興味を持ったNASAが試作機を用いて風洞実験したところ、**このままの状態では飛行困難**という結論が出てしまう。

特に大きな問題は搭載エンジンが非力過ぎて機体のコントロールができないということだった。

また、それでなくともヘリから飛行機に変化するような、この機体の操縦は難しかったとみられる。

これらの指摘を元に2Dという改良型の試作機が作られたりもしたが、**完成に至る前に会社の資金が底をついた**らしく、1962年頃、ヴァンガード社は解散してしまったようだ。

特殊乗り物
NO.098

【日本一短いモノレール】

東京都交通局 上野懸垂線

日本

東京都上野にある**上野公園**は都民の憩いの場であり、同時に博物館や美術館が立ち並ぶ文化施設でもある。

ここに博物館の付属施設として**明治時代に作られたのが上野動物園**である。

もともとは博物館の一部として生きた動物を展示していた動物園だが、徐々に規模が拡大し、いまでは上野を代表する文化施設になっている。東京都民であれば、この上野動物園の**園内にモノレールがある**ことはご存知だろう。

このモノレール、単なる動物園内にある遊戯施設ではない。

実はこのモノレールは正式名称を**「東京都交通局　上野懸垂線」**といい、交通局が管理運営するれっきとした公共交通機関なのである。

東京都交通局といえば、都営地下鉄や都営バスを運営する立派な公共の組織である。その組織がなぜ動物園内の、ほとんど遊具のような乗り物を管轄しているのか。

実は上野動物園は西園と東園に別れており、**その間を一般道が走っている**。

園内のみを巡るのではなく、上野懸垂線はここをまたいでいるため、旅客を運ぶ鉄道と見

[上野懸垂線　DATA]【開発】1957年　【全長】9.5m　【重量】6.5t　【最高速度】15km/ｈ　【乗員数】31名（運用開始年以外の車両諸元は40形のもの）

なされる。そのため、**運行に鉄道事業法が適用される**のである。

そもそもこの上野懸垂線は、昭和32（1957）年に**渋滞を解消するための新しい都市交通機関の実験線**として、空気タイヤを用いた独自の懸垂式モノレールの試験をかねて作られた。懸垂式とは車両をレールからぶら下げる形で走行する型式のことだが、結局都内の他のモノレールはこの方式をとらず、**「上野式」の路線は他に作られることはなかった**。

おかげでこのモノレールはここでしか見られない、いわば**「珍品」**となった。

加えて上野懸垂線は、日本初のモノレール路線であり日本一歴史が古く、長さ300メートルの日本一短いモノレールともなっている。

特殊乗り物
NO.099

【日本の鉄道秘話】

人車軌道

日本

大政奉還によって江戸時代は終わり、明治新政府は日本を列強諸国に負けない先進国にするため、欧米の進んだ技術を次々に日本に持ち込んだ。

そのなかのひとつに**鉄道**がある。

それまで旅といえばほぼ徒歩しか手段がなかった当時、蒸気機関で高速走行する**「陸蒸気（蒸気機関車）」**は、衝撃を以って迎えられた。しかし、当時のハイテクマシンである機関車と、それを走らせることができる高品質の軌道を全国津々浦々まで配備するのは、当時の技術と民間の資金では難しかった。

だが、駕籠や大八車にくらべてもはるかに少ない労力で、より重い物を運べる鉄道の原理が広まったことで、19世紀末から20世紀初め、機関車よりもっと単純な乗り物が生み出されることになる。

それが**「人車軌道」**である。

人車軌道とは「人力鉄道」ともいい、その名の通り**人間が押して運行する鉄道**である。

通常の鉄道を本線とすると、人車軌道はもっと短距離の、より地域に密着した路線であ

［人車軌道 DATA］【開発】1900年頃　【速度】時速5km/h前後　【乗員数】6名前後

る。路線によって車両の仕様は異なるが、おおむね、トロッコのような幅の狭い軌道におおむね6人乗り程度の**箱のような客車**を載せ、**1～3人の人夫が手すりを掴んで押した**ようである。下り坂では手元のブレーキを操作して減速した。もちろん速度は遅かったが、少ない投資でたくさんの客車を準備できる利点もあった。

代表的な路線としては、東京の柴又帝釈天への参詣に使われた**帝釈人車鉄道**（現在の京成金町線）などが有名で、一時は日本全国で見られたが、その**最盛期は長くはなかった**。人力故の遅さは公共交通機関としては無理があり、通常の鉄道やバスの普及にともなって消えていくことになる。帝釈人車鉄道では、わずか13年ほどで電車に置き換わっている。

特殊乗り物 NO.100

スーパーカブ

【大衆の友、不屈のマシン】

日本

戦後復興期、庶民がエンジン付きの乗り物を買うには、自転車に装着する専用の小排気量エンジンを手に入れるしかなかった。現在50cc未満のバイクのことを**「原動機付自転車」**と呼ぶのは、初期の頃は**本当に自転車に原動機を装着したものだったから**だ。このエンジンのメーカーとして台頭してきたのが**ホンダ**である。ちなみに、このホンダ製の自転車用補助エンジンの商品名を**「カブ（猛獣の子供）」**という。

本格的なスクーターを発売することに決めた社長の本田宗一郎は、**とんでもない高スペックを新商品に要求**した。それはパワフルで低燃費、頑丈であり、誰でも乗れるほど操作が簡単でなければならない。当時のガタガタの悪路を毎日走っても平気で耐え、発進停止を何度繰り返しても、機械的な故障が発生してはならない。

その厳しい要求に応えて1958年に完成した**「スーパーカブ」**は、伝説的とも言えるバイクになった。最初からガタガタ道を毎日走ることが前提で設計されているので**車体は頑丈**、その上、**クラッチ操作不要の自動遠心クラッチ付き**で、そば屋の出前持ちが片手運転できた。エンジンはパワフルで粘り強く、10年以上も平気で走った。あまりに完成されたエン

［スーパーカブ c100（初代） DATA］【開発】1958年 【全長】約1.8ｍ 【総排気量】49cc 【乾燥重量】55kg 【乗員】1名 （写真提供：朝日新聞社）

ジンで、改良の余地がないほどだった。

燃費は車種によっては**リッター180キロ（カタログ値）**にも達するほど抜群に良く、給油の回数が少な過ぎて給油を忘れる人までいた。

面白いことに見た目にも配慮があり、「バイクはエンジンがむき出しで気持ち悪い」という女性の意見を取り入れ、**カバーでエンジンが隠れるデザイン**にもしている。

その性能から世界中で売れ、特にベトナムでは庶民の足として普及し、**道がカブで埋め尽くされるほど**だった。アメリカでは「ワルの乗り物」というバイクのイメージを打ち払い、**バイク文化そのものを変えた。**

カブは世界一多く生産されたエンジン付きの乗り物と言われ、その**累計生産台数は1億台に迫る**という。

参考文献

【書籍、雑誌】

・『Ｘの時代─未知の領域に踏み込んだ実験機全機紹介（世界の傑作機スペシャル・エディション３）』（文林堂）
・野原茂『ドイツ空軍偵察機・輸送機・水上機・飛行艇・練習機・回転翼機・計画機　１９３０-１９４５』（文林堂）
・ピーター・チェンバレン、ヒラリー・Ｌ・ドイル、富岡吉勝翻訳監修『ジャーマンタンクス』（大日本絵画）
・『世界の傑作機　１２５　コンベアＢ-36　ピースメイカー』（文林堂）
・ウィリアム・グリーン著、北畠卓訳『ロケット戦闘機─「Ｍｅ１６３」と「秋水」（第二次世界大戦ブックス33）』（サンケイ新聞社出版局）
・浜田一穂『未完の計画機２』（イカロス出版）
・牧野光雄『飛行船の歴史と技術』（成山堂書店）
・中村省三『実録ロズウェル事件　米空軍今世紀最大のＵＦＯ事件』（グリーンアロー出版社）
・オットー・カリウス著、菊地晟訳『ティーガー戦車隊』（大日本絵画）
・宮崎駿『飛行艇時代』（大日本絵画）
・宮崎駿『風立ちぬ』（大日本絵画）
・『船　航海のあゆみ（小学館の学習百科図鑑17）』（小学館）
・長沼毅『深海生物学への招待』（日本放送出版協会）
・『特別展「深海─挑戦の歩みと驚異の生きものたち─」』（読売新聞社）
・近藤次郎『飛行機はなぜ飛ぶか─空気力学の眼より』（講談社）

・「Ｋａｚｉ」（２０００年１月号）

【ウェブサイト】

・「コベルコ建機株式会社　公式サイト」（https://www.kobelco-kenki.co.jp/）
・「日立建機株式会社　公式サイト」（https://www.hitachicm.com/global/jp/）
・「パイアセッキ・エアクラフト　公式サイト」（http://www.piasecki.com/）
・「ＭＴＴ　公式サイト」（http://marineturbine.com/）
・「エアロベロ　公式サイト」（http://www.aerovelo.com/）
・「ＮＡＳＡ公式サイト」（https://www.nasa.gov/）
・「ブライトリング　公式サイト」（https://www.breitling.com/en/）
・「ロレックス　公式サイト」（https://www.rolex.com/）
・「ＪＡＭＳＴＥＣ海洋研究開発機構　公式サイト」（http://www.jamstec.go.jp/j/）
・「ＪＡＸＡ宇宙航空研究開発機構　公式サイト」（http://www.jaxa.jp/）
・「株式会社商船三井　公式サイト」（http://www.mol.co.jp/）
・「三菱重工株式会社　公式サイト」（https://www.mhi.co.jp/）
・「トヨタ博物館　公式サイト」（https://www.toyota.co.jp/Museum/）
・「郵政博物館　公式サイト」（http://www.postalmuseum.jp/）

その他、多数の書籍やウェブサイトを参考にさせていただきました。

■ 著者紹介

横山雅司（よこやま・まさし）
イラストレーター、ライター、漫画原作者。ASIOS（超常現象の懐疑的調査のための会）のメンバーとしても活動しており、おもにUMA（未確認生物）を担当している。好きな乗り物は飛行船。第一次大戦の兵器にも興味が出てきた。
著書に『本当にあった！　特殊兵器大図鑑』『憧れの「野生動物」飼育読本』『極限世界のいきものたち』『激突！　世界の名戦車ファイル』（いずれも小社刊）などがある。

本当にあった！

特殊乗り物大図鑑

平成29年1月12日 第1刷

著　者　横山雅司

発行人　山田有司

発行所　株式会社　彩図社
東京都豊島区南大塚3-24-4
MTビル　〒170-0005
TEL:03-5985-8213　FAX:03-5985-8224
http://www.saiz.co.jp
https://twitter.com/saiz_sha

印刷所　新灯印刷株式会社

ISBN978-4-8013-0190-0 C0195